U0351377

机电类特种设备结构系统
可靠性与寿命评估
方法研究

杨瑞刚 著

北 京

冶金工业出版社

2011

内 容 简 介

本书对机电类特种设备钢结构系统可靠性进行了研究，其中包括运用随机可靠性理论对具有高冗余特点的立体车库钢结构进行了系统研究和深入探讨，成功地找到一种适合于工程实例的动态搜索失效单元路径的方法；运用能度可靠性理论对国家"十一五"科技支撑计划资助的急需安全可靠性理论评估的起重机钢结构系统进行了探讨，根据其具体受载特点，从强度、刚度、稳定性三个方面进行了可靠性分析。

本书可供从事机械产品设计、制造、试验、使用的工程技术人员研究参考，同时也可作为相关专业本科生和研究生的教学参考书。

图书在版编目（CIP）数据

机电类特种设备结构系统可靠性与寿命评估方法研究/杨瑞刚著. —北京：冶金工业出版社，2011. 11
ISBN 978-7-5024-5807-2

Ⅰ. ①机… Ⅱ. ①杨… Ⅲ. ①机电设备—钢结构—可靠性—研究 ②机电设备—钢结构—寿命—评估
Ⅳ. ①TM07

中国版本图书馆 CIP 数据核字（2011）第 274638 号

出 版 人 曹胜利
地　　址 北京北河沿大街嵩祝院北巷 39 号，邮编 100009
电　　话 (010)64027926 电子信箱 yjcbs@cnmip.com.cn
责任编辑 李培禄　美术编辑 彭子赫　版式设计 孙跃红
责任校对 郑　娟　责任印制 张祺鑫
ISBN 978-7-5024-5807-2
北京兴华印刷厂印刷；冶金工业出版社出版发行；各地新华书店经销
2011 年 11 月第 1 版，2011 年 11 月第 1 次印刷
148mm×210mm；5.375 印张；141 千字；161 页
25.00 元

冶金工业出版社投稿电话：(010)64027932　投稿信箱：tougao@cnmip.com.cn
冶金工业出版社发行部　电话：(010)64044283　传真：(010)64027893
冶金书店　地址：北京东四西大街 46 号(100010)　电话：(010)65289081(兼传真)
(本书如有印装质量问题，本社发行部负责退换)

前　言

　　结构系统在国防、航空航天、机械工业、农业、水利等各个国民经济发展领域无处不在，它作为一个系统的最主要的承载受力系统起着骨架的作用，是系统的重要组成部分。近年来，世界许多国家和地区，相继发生了一些机电类特种设备结构和系统突然性断裂和失效事件，各国政府和科研机构意识到，对机电类特种设备结构系统的失效模式、可靠性状况、安全评定与寿命估算的状况分析刻不容缓。机电类特种设备结构系统可靠性与剩余寿命安全评估研究作为一门新学科为适应现代结构设计和分析要求应运而生。一方面，对于现役设备，对结构系统的当前安全水平做出合理的评断才能下结论、定方案；另一方面，对于计划投资建设的设备，其安全性要求极高，而且耗资较大。因此在设计过程中需对其安全性和经济性做出合理的评判。

　　现役机电类特种设备钢结构可靠性安全评定和寿命评估技术，在工业发达国家针对不同的设备、不同的工况、不同的失效模式等方面进行了一定的研究工作。我国在机电类特种设备结构和系统的失效模式的识别、可靠性的评估、寿命估算方面的状况尤为严峻。到目前为止，机电类特种设备结构系统（如起重机钢结构系统和立体车库钢结构系统）的可靠性以及剩余寿命评估方面尚未形成一套完整有效可供实用的理论体系。因此，书中讨论的课题，是一项具有重大实际意义和社会经济效益的研究课题。

　　本书从两个角度对机电类特种设备钢结构系统可靠性进行了研究：运用随机可靠性理论对具有高冗余特点的立体车库钢结构进行了系统的研究和深入的探讨，成功地找到一种适合于工程实例的动态搜索失效单元路径的方法；运用能度可靠性理论对国家"十一五"科技支撑计划资助的急需安全可靠性理论评估的起重机钢结构系统进行了探讨，根据其具体受载特点，从强度、刚度、稳定性三个方面进行了可靠性分析研究。

　　本书针对具有高冗余特点的钢结构系统迫切需要安全可靠性评估技术的背景，以随机可靠性为理论基础，以动态增量载荷法为选取失效元手段，通过建立载荷的力学模型，并借助有限元理论，以软件为载体，进行机电类特种设备钢结构系统可靠性分析；以体现高冗余特点的立体车库钢结构系统为研究对象，针对高冗余结构的特点，确定了立体车库钢结构的失效准则；在此基础上，讨论了失效路径长度、约界参数 CAP（Control Ambit Parameter）对大型钢结构系统的失效准则确定原则的影响及其取值原则。该结论对具有高冗余特点的结构系统的安全评估与可靠性评价具有十分重要的理论与实用价值。

著　者

2011 年 9 月

目　　录

第 1 章

绪　　论

〰〰〰〰〰〰〰〰〰〰〰〰〰〰〰〰〰〰〰〰〰〰〰〰

　　结构系统在国防、航空航天、机械工业、农业、水利等国民经济发展领域无处不在，它作为一个系统的最主要的承载受力系统起着骨架的作用，是系统的重要组成部分。近年来，北美、欧洲和亚洲的许多国家或地区，相继发生了一些重大机械结构和系统突然性断裂和失效事件，各国政府和科研机构意识到，对机械结构和系统的失效模式、可靠性状况、安全评定与寿命估算的状况分析刻不容缓。特别是对于机电类特种设备，更是如此。特种设备主要包括承压类和机电类两种。承压类特种设备包括锅炉、压力容器（含气瓶）、压力管道等。机电类特种设备包括电梯、起重机械、客运索道和大型游乐设施等。机械式立体车库是停车设备的一种，目前我国已将机械式立体车库纳入机电类特种设备。结构系统作为特种设备的主要承载系统，其安全可靠性非常重要。本书将重点针对起重机结构和机械式立体车库结构系统进行探讨。

　　随着重载、高速、长周期设备的满载率加大，工作繁忙程度加重，有些机电类特种设备大部分工作时间已在高应力水平下运行，这类设备安全事故时有发生。随着使用时间的延长，机电类特种设备必然存在安全隐患，由此可能引发严重的安全事故。因此这些还在服役的老旧设备能否继续安全服役以及还能安全可靠服役多长时间，已成为国内外十分关注的焦点。如果把还能继续安全使用的设备强制报废，不仅会给企业造成巨大的经济损失，而且会给国家造成严重的资源浪费，但是让不能继续安全服役的设备继续工作，就会给企业职工的人身安全带来严重的隐患，甚至造成机毁人亡的惨剧。金属结构系统是机电类特种设备的基本构成及主要承载系统。金属结构安全是整个机械设备安全的前提和基础，其安全性是至关重要的。当前，机电类特种设备迫切需要可靠性与剩余寿命安全评估新思路。

机械结构系统可靠性与剩余寿命安全评估研究作为一门新学科为适应现代结构设计和分析要求应运而生。一方面，对于现役机械装备，对结构系统的当前安全水平做出合理的评断才能下结论、定方案；另一方面，对于计划投资建设的大型工程项目的机械结构以及一些重要的项目，其安全性要求极高，而且耗资巨大。因此在设计过程中需对其安全性和经济性做出合理的评判。

现役机电类特种设备钢结构可靠性安全评定和寿命预测技术在工业发达国家针对不同的设备、不同的工况、不同的失效模式等已经系统性地开展了一定的有意义的研究工作。但是，我国在机电类特种设备结构和系统的失效模式的识别、可靠性的评估、安全检测监测技术与寿命估算方面的状况尤为严峻。我国在这方面的投入和研究应用工作起步较晚，显得相当薄弱。特别是立体车库钢结构系统与起重机械钢结构等承载的关键组成部件，急需对现役结构进行寿命评估与可靠性研究。到目前为止，有关机电类特种设备结构（如起重机钢结构系统以及立体车库钢结构系统）的可靠性以及剩余寿命评估方面尚未形成一套完整有效可供实用的理论体系。机电类特种设备结构和系统在系统可靠性、安全评定、寿命估算与风险评估技术方面存在迫在眉睫、亟待填补的空白。

虽然对机电类特种设备结构进行可靠性与疲劳剩余寿命估算的重要性和紧迫性已不容置疑，但目前很多方法大都停留在理论层面，并未和实际应用相结合；一些方法仅仅是针对某些特殊情况适用，具有很大的局限性。因此，对机电类特种设备的可靠性与剩余寿命相关理论进行深入研究，同时开发出科学有效的估算方法，以期最大限度地发挥出该设备的经济效益，同时又能确保其在工作过程中的安全可靠，是一个具有现实和深远意义的课题。

　　机械结构系统可靠性理论是 20 世纪 80 年代前后发展起来的一门新兴边缘学科，主要数学基础是概率论、数理统计和随机过程理论、决策论、组合数学和近代数理统计方法，主要计算手段是有限元法、边界元法和随机网络分析技术。机电类特种设备结构疲劳剩余寿命评估开始的比较晚，虽然对机电类特种设备进行有效疲劳剩余寿命估算的重要性和紧迫性已不容置疑，但是到目前为止，我国有关机电类特种设备疲劳剩余寿命估算方面还没有形成一套完整有效可供实用的理论体系。国内外对于起重机疲劳剩余寿命估算有不少的理论研究，提出了一些疲劳损伤和疲劳剩余寿命估算的新方法。但这些方法大都停留在理论层面，并未和实际应用相结合；一些方法仅仅是针对具体某台起重机适用，不适用于其他不同起重机的疲劳剩余寿命估算，具有很大的局限性。

　　因此，机电类特种设备钢结构系统可靠性与剩余寿命评估分析急需钢结构系统可靠性安全评估与剩余使用寿命预测方法。

第 ② 章

基于随机理论的立体车库
钢结构可靠性分析

2.1　可靠性基本概念

结构系统是指若干元件组成的承受外部作用力并有特定功能的整体，在它的各个元件之间存在相互作用和相互依存的关系。

机构系统的可靠性是指在规定的时间内，在规定的条件下完成规定功能的能力。如果结构系统达到极限状态的概率超过了允许值，结构系统就失效。这里失效的含义是系统变成机构，或超过规定的变形，或不能进一步承受外载荷。结构系统的失效概率越小，其可靠性就越高。

度量结构系统可靠性的数量指标称为结构系统可靠度。其定义是：结构系统在规定的时间内、在规定条件下完成规定功能的概率。这是基于统计数学观点下的比较科学的定义。

在工程结构的可靠性分析和设计中，结构的可靠度是一个十分重要的概念。定义 R 为结构的广义抗力，S 为结构的广义载荷，则结构的安全余量方程（系统功能函数）可表示为：

$$M = R - S \tag{2-1}$$

先研究最简单的情况。假定 R 和 S 均为 1 维随机变量，且互相之间独立。设 R 和 S 的定义域分别为 $[r_L, r_U]$ 和 $[s_L, s_U]$，概率密度函数分别为 $f_R(r)$ 和 $f_S(s)$，则结构的失效概率 P_f 为：

$$P_f = P(M < 0)$$

$$= \int_{s_L}^{s_U} \int_{r_L}^{r_U} f_R(r) \, \mathrm{d}r f_S(s) \, \mathrm{d}s$$

$$= \int_{s_L}^{s_U} F_R(s) f_S(s) \, \mathrm{d}s \tag{2-2}$$

由式（2-2）可以发现，P_f 通常不存在显式，需要通过数值模拟或数值计算的方式求得。

定义 $X\text{-}N(\mu, \sigma^2)$ 表示 X 服从均值为 μ、方差为 σ^2 的正态分布。进一步假设 $R\text{-}N(\mu_R, \sigma_R^2)$、$S\text{-}N(\mu_S, \sigma_S^2)$ 进行坐标变换：

$$\begin{cases} Z_1 = \dfrac{R - \mu_R}{\sigma_R} \\[2mm] Z_2 = \dfrac{S - \mu_S}{\sigma_S} \end{cases} \tag{2-3}$$

可以证明，$Z_1\text{-}N(0,1)$，$Z_2\text{-}N(0,1)$，且 Z_1 和 Z_2 相互独立。将式（2-3）代入式（2-1）得：

$$M = R - S = (\mu_R - \mu_S) + (\sigma_R Z_1 - \sigma_S Z_2) \tag{2-4}$$

因此：

$$\begin{cases} \mu_M = \mu_R - \mu_S \\[2mm] \sigma_M^2 = \sigma_R^2 + \sigma_S^2 \end{cases} \tag{2-5}$$

由正态分布的可加性原理可以推知：

$$M = (R - S) - N(\mu_M, \sigma_M^2) \tag{2-6}$$

因此：

$$P_f = (M < 0) = \Phi\left(-\frac{\mu_M}{\sigma_M}\right) = \Phi(-\beta) \tag{2-7}$$

式中 Φ——标准正态分布的累积分布函数;

β——结构的可靠度指标,$\beta = \dfrac{\mu_M}{\sigma_M}$。

失效概率与可靠性指标为一一对应关系,当 R 和 S 相关并采用式(2-7)时,σ_M 由下式给出:

$$\sigma_M^2 = \sigma_R^2 + \sigma_S^2 - 2\rho\sigma_R\sigma_S \qquad (2-8)$$

式中 ρ——相关系数,其定义为:

$$\rho = \frac{Cov[R,S]}{\sigma_R\sigma_S} \qquad (2-9)$$

式中 $Cov[R,S]$——R 和 S 的协方差。

可以看出,β 与 P_f 之间存在一一对应关系:β 越小,失效概率 P_f 越大;反之亦然。因此,这两者指标可以作为衡量结构可靠度的一个标准。表 2-1 给出了可靠度指标 β 与失效概率 P_f 的对应关系。

表 2-1 可靠度指标 β 与失效概率 P_f 的对应关系

β	P_f	β	P_f	β	P_f
2.5	6.21×10^{-3}	4.0	3.17×10^{-5}	5.5	1.90×10^{-8}
3.0	1.35×10^{-3}	4.5	3.40×10^{-6}	6.0	9.87×10^{-10}
3.5	2.33×10^{-4}	5.0	2.90×10^{-7}	6.5	4.02×10^{-11}

2.2 模式可靠度计算理论

2.2.1 模式失效概率计算的一次二阶矩阵

若结构的安全余量方程 M 可表示成 n 维标准随机变量 Z_i 的线性组合,即 $M = a_0 + \sum_{i=1}^{n} a_i Z_i$,则按 $\beta = \dfrac{\mu_M}{\sigma_M}$ 计算得到的结构

失效概率 $P_f = \Phi(-\beta)$ 是准确的。其中，$\mu_M = a_0$，$\sigma_M =$

$$\sqrt{\sum_{i=1}^{n} a_i^2 + 2\sum_{i=1}^{n}\sum_{j=i+1}^{n}\rho_{ij}a_i a_j}$$，ρ_{ij} 为随机变量 Z_i 和 Z_j 间的相关系数。

Cornell 将结构的可靠度指数 β 定义为 $\beta = \dfrac{\mu_M}{\sigma_M}$，后来这种定义方式也被扩展到了非线性安全余量方程的场合。

设失效模式 k 的安全余量方程为：

$$M = g(\overline{X}) \tag{2-10}$$

式中　$\overline{X} = (X_1, X_2, \cdots, X_n)$——随机变量矢量。

将 $g(\overline{X})$ 在特定点 $\overline{x}^*$ 处按 Taylor 级数展开，仅保留 1 阶项，得：

$$g(\overline{X}) = g(\overline{x}^*) + \sum_{i=1}^{n}(X_i - \mu_i^*)\left(\frac{\partial g}{\partial X_i}\right)_* \tag{2-11}$$

式中，$g(\overline{x}^*)$ 表示在特定点 $\overline{x}^*$ 处取值。

当 $\overline{x}^*$ 为均值点 $\overline{\mu}^*$ 时，有：

$$\begin{cases} \mu_g = g(\overline{\mu}^*) + \sum_{i=1}^{n}(X_i - \mu_i^*)\left(\frac{\partial g}{\partial X_i}\right)_* \\[2mm] \sigma_g = \sum_{i=1}^{n}\sum_{j=1}^{n}\left(\frac{\partial g}{\partial X_i}\frac{\partial g}{\partial X_j}\right)_* \sigma_{X_i}\sigma_{X_j}\rho_{ij} \end{cases} \tag{2-12}$$

式中　σ_{X_i}——随机变量 X_i 的标准差；

ρ_{ij}——随机变量 X_i 和 X_j 之间的相关系数。

由于标准的 Cornell 方法是将安全余量方程在均值点 $\overline{\mu}^*$ 处作线性展开，并且仅利用了随机变量 $\overline{X}$ 的一阶和二阶矩信息，因此被称为一次二阶矩法（First Order Second Moment，FOSM）。

2.2.2　模式失效概率计算的改进的一次二阶矩法

假定 $\overline{X}$ 的各分量统计无关，从式（2-11）和式（2-12）可以看出，Concell 的可靠度指数 $\beta = \dfrac{\mu_M}{\sigma_M}$ 的取值依赖于特定展开点 $\bar{x}^*$ 的选择。鉴于此，Hasofer 和 Lind 建议根据临界破坏面而不是安全余量方程定义失效模式的可靠度指数 β。对于同一物理问题，根据 H-L 算法计算得到的可靠度指数 β，不会由于形式的等价安全余量方程而发生变化。H-L 方法的计算程序为：

将随机变量 X_i 进行正则化处理：

$$Z_i = \frac{X_i - \mu_i}{\sigma_i} \tag{2-13}$$

在 n 维正则化空间 $\bar{Z} = (Z_1, Z_2, \cdots, Z_n)$ 中，失效模式 k 的安全余量方程为 $g(\bar{Z}) = 0$，相应的可靠度指数 β 定义为：

$$\begin{cases} \beta = \min \sqrt{\sum_{i=1}^{n} z_i^2} \\ g(\bar{z}) = 0 \end{cases} \tag{2-14}$$

从几何上看，β 是 n 维正则化空间中坐标原点到临界破坏面 $g(\bar{Z}) = 0$ 的最短距离。满足式（2-14）的正则化矢量 $\bar{z}^* = (z_1^*, z_2^*, \cdots, z_n^*)$ 定义为设计点。在原始坐标中，设计点为 $\bar{x}^*$。

从式（2-14）可以看出，对于同一物理问题，根据 H-L 算法得到的可靠度指数 β 不会由于选择不同形式的等价安全余量方程而发生变化的原因是，等价安全余量方程在临界破坏面 $g(\bar{Z}) = 0$ 上是完全等价的。

从几何上看，设计点 $\bar{z}^* = (z_1^*, z_2^*, \cdots, z_n^*)$ 是半径为 $\beta = \sqrt{\sum_{i=1}^{n} z_i^2}$ 的球面和临界破坏面 $g(\bar{Z}) = 0$ 的切点。定义 $g^*(\bar{Z}^*) = 0$ 为过设计点 $\bar{z}^* = (z_1^*, z_2^*, \cdots, z_n^*)$ 的临界破坏面 $g(\bar{Z}) = 0$ 的切平面，则 $g^*(\bar{Z}^*) = 0$ 是半径为 $\beta = \sqrt{\sum_{i=1}^{n} z_i^2}$ 的球面临界破坏面

$g(\overline{Z}) = 0$ 的公共切平面，β 等于坐标原点到切平面的距离。当临界破坏面 $g(\overline{Z}) = 0$ 为线性破坏面时，切平面 $g^*(\overline{Z}^*) = 0$ 和临界破坏面 $g(\overline{Z}) = 0$ 合二为一。以两变量的情况为例，在正则化坐标系 (Z_1, Z_2) 中，根据式（2-6）可计算坐标原点到临界破坏面的切平面 $g^*(\overline{Z}^*) = (\mu_R - \mu_S) + (\sigma_R Z_1 - \sigma_S Z_2) = 0$ 的距离 OZ^*（图 2-1）为：

$$OZ^* = \frac{\mu_R - \mu_S}{\sqrt{\sigma_R^2 + \sigma_S^2}} \tag{2-15}$$

对比式（2-6）、式（2-9）和式（2-10）不难看出，$\beta = OZ^*$。$\beta = OZ^*$ 的结论可以推广到任意有限维的场合，具体内容可表述为：若结构的功能函数 M 可表示为 n 维独立标准正态随机变量 Z_i 的线性组合 $M = a_0 + \sum_{i=1}^{n} a_i Z_i$，则结构的可靠度指数 β 在数值上等于由 n 维独立标准随机变量 Z_i 组成的 n 维坐标系中坐标原点到切平面 $g^*(\overline{Z}^*) = a_0 + \sum_{i=1}^{n} a_i Z_i$ 的距离，即：

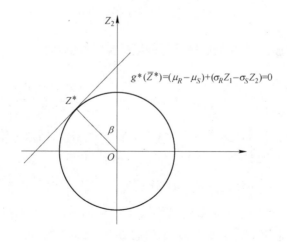

图 2-1　可靠度指数 β 的几何意义

$$OZ^* = \frac{a_0}{\sqrt{\sum_{i=1}^{n} a_i^2}} \qquad (2\text{-}16)$$

2.2.3 非正态随机变量矢量的正态化和当量正态化方法

若定义随机变量矢量 $\overline{X}$ 的联合概率密度函数为 $f_{\overline{x}}(\overline{x})$，则系统失效概率 P_f 为：

$$P_f = \int_{\Omega_f} \mathrm{L} \int f_{\overline{x}}(\overline{x}) \, \mathrm{d}x \qquad (2\text{-}17)$$

式中 Ω_f——失效域。

对于复杂的概率问题，式（2-17）中的 P_f 通常不存在解析描述。本节在假定 $\overline{X}$ 为正态随机矢量的前提下，提供了 P_f 的近似计算方法。下面讨论解决 $\overline{X}$ 为非正态随机变量时，P_f 的近似计算问题。

Rosenblatt 证明：任意非正态随机矢量 $\overline{X}$，理论上都可以通过 Rosenblatt 变换，转化为线性无关的标准正态随机矢量。显然，经过变量转换之后，P_f 可采用 H-L 算法进行近似计算。

2.2.4 相关随机矢量条件下可靠度指数的计算方法

当随机矢量 $\overline{X} = (X_1, X_2, \cdots, X_n)^T$ 的各分量为相关正态随机变量时，需进行以下操作：

（1）采用线性变换将 $\overline{X} = (X_1, X_2, \cdots, X_n)^T$ 转换为线性无关的正态随机矢量 $\overline{Y} = (Y_1, Y_2, \cdots, Y_n)^T$；

（2）对正态随机变量 $\overline{Y} = (Y_1, Y_2, \cdots, Y_n)^T$ 进行正则化变换，变成线性无关的标准正态随机矢量 $\overline{Z} = (Z_1, Z_2, \cdots, Z_n)^T$；

（3）采用 H-L 算法计算失效模式的可靠度指数 β。

扩展后的 H-L 算法可描述为：设原始随机矢量 $\overline{X} = (X_1,$

$X_2, \cdots, X_n)^T$ 的协方差矩阵为:

$$\overline{\overline{C_{\bar{x}}}} = \begin{bmatrix} \sigma^2_{X_1} & Cov(X_1, X_2) & Cov(X_1, X_3) & \cdots & Cov(X_1, X_n) \\ Cov(X_2, X_1) & \sigma^2_{X_1} & Cov(X_2, X_3) & \cdots & Cov(X_2, X_n) \\ \vdots & \vdots & \vdots & \vdots & \vdots \\ Cov(X_n, X_1) & Cov(X_n, X_2) & Cov(X_n, X_3) & \cdots & \sigma^2_{X_n} \end{bmatrix}$$

$$(2\text{-}18)$$

由线性代数的理论可知,矩阵 $\overline{\overline{C_{\bar{x}}}}$ 可通过式(2-19)的线性变换变成对角矩阵,即:

$$\overline{Y} = \overline{\overline{A}}\ \overline{X} \qquad (2\text{-}19)$$

式中,$\overline{\overline{A}}$ 是一个正交矩阵,它的列向量等于矩阵 $\overline{\overline{C_{\bar{x}}}}$ 的特征向量。

对角矩阵 $\overline{\overline{C_{\bar{y}}}}$ 由下式计算:

$$\overline{\overline{C_{\bar{y}}}} = \overline{\overline{A}}\ \overline{\overline{C_{\bar{x}}}}\ \overline{\overline{A}}^T = diag(\sigma^2_{Y_1}, \sigma^2_{Y_2}, \cdots, \sigma^2_{Y_n}) \qquad (2\text{-}20)$$

式中,对角矩阵 $\overline{\overline{C_{\bar{y}}}}$ 的对角元素 $\sigma^2_{Y_i}$ 等于矩阵 $\overline{\overline{C_{\bar{x}}}}$ 的第 i 个特征值。

由式(2-19)可得:

$$E(\overline{Y}) = \overline{\overline{A}}E(\overline{X}) \qquad (2\text{-}21)$$

因此:

$$\overline{Z} = \overline{\overline{C_{\bar{y}}}}^{-1/2}(\overline{Y} - E(\overline{Y})) \qquad (2\text{-}22)$$

将式(2-19)~式(2-21)代入式(2-22)得:

$$\overline{Z} = [\overline{\overline{A}}\ \overline{\overline{C_{\bar{x}}}}\ \overline{\overline{A}}^T]^{-1/2} \overline{\overline{A}}(\overline{X} - E(\overline{X})) \qquad (2\text{-}23)$$

由式(2-23)可得:

$$\overline{X} = E(\overline{X}) + \overline{\overline{A}}^T[\overline{\overline{A}}\ \overline{\overline{C_{\bar{x}}}}\ \overline{\overline{A}}^T]^{1/2} \overline{Z} \qquad (2\text{-}24)$$

将式(2-24)代入式 $g_{\bar{x}}(\overline{X}) = 0$ 得:

$$g_{\bar{z}}(\overline{Z}) = 0 \qquad (2\text{-}25)$$

因此，式（2-24）已变成可直接使用 H-L 算法的形式。

当随机矢量 $\overline{X} = (X_1, X_2, \cdots, X_n)^T$ 的分量中含有相关非正态随机变量时，需要进行以下操作：

（1）对非正态随机变量进行 R-F 变换，形成新的当量正态随机矢量 $\overline{X}^* = (X_1^*, X_2^*, \cdots, X_n^*)^T$；

（2）对当量正态随机矢量 $\overline{X}^* = (X_1^*, X_2^*, \cdots, X_n^*)^T$ 进行正则化变换，形成新的随机矢量 $\overline{Y}^* = (Y_1^*, Y_2^*, \cdots, Y_n^*)^T$；

（3）采用线性变换将 $\overline{Y}^* = (Y_1^*, Y_2^*, \cdots, Y_n^*)^T$ 转换为线性无关的正态随机矢量 $\overline{Y} = (Y_1, Y_2, \cdots, Y_n)^T$；

（4）对正态随机矢量 $\overline{Y} = (Y_1, Y_2, \cdots, Y_n)^T$ 进行正则化变换，变成线性无关的标准正态随机矢量 $\overline{Z} = (Z_1, Z_2, \cdots, Z_n)^T$；

（5）采用 H-L 算法计算失效模式的可靠度指数 β。

扩展后的 R-F 算法可描述为：设当量正态随机矢量 $\overline{X}^* = (X_1^*, X_2^*, \cdots, X_n^*)^T$ 的协方差矩阵为：

$$\overline{\overline{C}}_{\bar{x}}^* = \begin{bmatrix} \sigma_{X_1^*}^2 & Cov(X_1^*, X_2^*) & Cov(X_1^*, X_3^*) & \cdots & Cov(X_1^*, X_n^*) \\ Cov(X_2^*, X_1^*) & \sigma_{X_2^*}^2 & Cov(X_2^*, X_3^*) & \cdots & Cov(X_2^*, X_n^*) \\ \vdots & \vdots & \vdots & \vdots & \vdots \\ Cov(X_n^*, X_1^*) & Cov(X_n^*, X_2^*) & Cov(X_n^*, X_3^*) & \cdots & \sigma_{X_n^*}^2 \end{bmatrix}$$

$$(2\text{-}26)$$

定义：

$$\begin{cases} \overline{Y}^* = \overline{\overline{D}}_{\bar{x}}^{-1}(\overline{X}^* - E(\overline{X}^*)) \\ \overline{\overline{D}}_{\bar{x}^*} = diag(\sigma_{X_1}^*, \sigma_{X_2}^*, \cdots, \sigma_{X_n}^*) \end{cases} \qquad (2\text{-}27)$$

则有：

$$\overline{\overline{C}}_{\overline{y}*} = \begin{bmatrix} 1 & \rho_{x_1^*,x_2^*} & \rho_{x_1^*,x_3^*} & \cdots & \rho_{x_1^*,x_n^*} \\ \rho_{x_2^*,x_1^*} & 1 & \rho_{x_2^*,x_3^*} & \cdots & \rho_{x_2^*,x_n^*} \\ \vdots & \vdots & \vdots & \vdots & \vdots \\ \rho_{x_n^*,x_1^*} & \rho_{x_n^*,x_2^*} & \rho_{x_n^*,x_3^*} & \cdots & 1 \end{bmatrix} \quad (2\text{-}28)$$

由线性代数理论可知，矩阵 $\overline{\overline{\rho}}_{\overline{x}*}$ 可通过式（2-29）的线性变换变成对角矩阵，即：

$$\overline{Y} = \overline{\overline{B}}^* \ \overline{Y}^* \qquad (2\text{-}29)$$

式中，$\overline{\overline{B}}^*$ 是一个正交矩阵，它的列向量等于矩阵 $\overline{\overline{\rho}}_{\overline{x}*}$ 的特征向量。对角矩阵 $\overline{\overline{C}}_{\overline{y}}$ 由下式计算：

$$\overline{\overline{C}}_{\overline{y}} = \overline{\overline{B}}^* \ \overline{\overline{C}}_{\overline{y}*} (\overline{\overline{B}}^*)^T$$

$$= diag(\sigma_{y_1}^2, \sigma_{y_2}^2, \cdots, \sigma_{y_N}^2) \qquad (2\text{-}30)$$

式中，对角矩阵 $\overline{\overline{C}}_{\overline{y}}$ 的对角元素 $\sigma_{Y_i}^2$ 等于矩阵 $\overline{\overline{\rho}}_{\overline{x}*}$ 的第 i 个特征值。

由式（2-29）可得：

$$E(\overline{Y}) = \overline{\overline{B}}^* E(\overline{Y}^*) \qquad (2\text{-}31)$$

因此：

$$\overline{Z} = \overline{\overline{C}}_{\overline{y}}^{-1/2} (\overline{Y} - E(\overline{Y})) \qquad (2\text{-}32)$$

将式(2-27)~式(2-31)代入式（2-32）得：

$$\overline{Z} = [\overline{\overline{B}}^* \overline{\overline{\rho}}_{\overline{x}*} (\overline{\overline{B}}^*)^T]^{-1/2} \overline{\overline{B}}^* \overline{\overline{D}}_{\overline{x}*}^{-1} (\overline{X}^* - E(\overline{X}^*)) \quad (2\text{-}33)$$

由式（2-33）可得：

$$\overline{X}^* = E(\overline{X}^*) + \overline{\overline{D}}_{\overline{x}*} (\overline{\overline{B}}^*)^T [\overline{\overline{B}}^* \overline{\overline{\rho}}_{\overline{x}*} (\overline{\overline{B}}^*)^T]^{1/2} \overline{Z} \quad (2\text{-}34)$$

将式（2-34）代入 $g_{\overline{x}}(\overline{X}^*) = 0$ 得：

$$g_{\overline{z}}(\overline{Z}) = 0 \qquad (2\text{-}35)$$

因此，式（2-34）已变成可直接使用 H-L 算法的形式。

2.3　系统可靠性计算理论

2.3.1　结构系统主要失效模式的确定

在高冗余度的大型结构系统中，存在着大量的可能失效模式。找出所有可能失效模式并计算系统的综合失效概率，需要耗费大量的计算机时，并对计算机的内外存容量提出相应的要求。实际上，由于各失效模式的发生概率存在数量级上的差异，特别是各失效模式之间存在的相关性，所以只要挑选出那些发生概率较大的失效模式即主要失效模式，并将它们对系统失效概率的影响加以综合，就足以对系统的失效概率进行比较准确的估计。因此，有效识别系统的主要失效模式成为结构系统可靠性分析和设计的一个核心问题。

结构系统主要模式的识别算法的核心有两个：（1）如何实现结构的失效状态转移；（2）如何快速、正确地生成结构系统失效树的主干和主支。对于确定性结构系统，可能的失效路径只有一条。对于随机结构系统，任一元件的失效，不一定会引起整个结构系统的失效。假定结构以下面方式发生失效：当任一元件失效时，在未失效元件之间发生内力的重新分布，将超过该失效元件的承载能力的内力转嫁到其他元件上，此时，必然又引起另一元件达到极限状态而失效（这里，假定失效是顺序进行的）；重复类似过程，当失效元件数达到某一值 p_q 时，使结构系统失效，此时就形成一个失效模式。按失效元件序号组成的失效顺序，统称为失效路径。形成一个失效模式的失效路径叫做完全失效路径，对于未形成失效模式的按失效单元序号组成的失效顺序称为不完全失效路径。由脆性材料组成的结构系统，失效模式的安全余量与组成该失效模式的失效元件的顺序有关。由于可能的失效路径多种多样，一次不仅需要考虑如何实现结构的失效状态转移，而且需要判断结构的失效状态下一步最有可能朝哪些路径转移。当可能的失效状态不只一条时，便会出现分支现象。显然，如果在每一个分支点考虑所有的分支可能，则只需分支操作，便可以生成完整的失效树集合，这就是自动化的简单穷举算法。熟悉组合数学网络分析理论的人们都知道，简单穷举的结果必然导致组合爆炸。避免出现组合爆炸的唯一出路，就是通过有效的算法，将那些最有可能对最终结果产生重要影响的分支提前选出来，从而避免分支规模的无限制扩大。限制分支规模的操作就是约界。因此，约界操作的目的是在生长过程中，而不是在生长过程结束后，将失效树的主干和主支快速、正确地识别出来。结构系统主要失效模式识别算法成功与否的关键，在于能否建立合理高效的约界准则和约界算法。从数理逻辑的角度讲，计算结构力学的逻辑基础是演绎自动逻辑。演绎逻辑的特点决定理论上可以采用自动方式生成结构系统的失效树。

对于高冗余度的大型结构系统，存在很多失效模式，以至在估算系统的可靠度或失效概率之前，识别它们的全体是十分困难的，甚至是不可能的。为此，很多国内外的学者，都在积极探索和研究确定结构系统的主要失效模式的方法。实践证明，结构系统的失效概率主要是由几个或不超过十个的为数不多的主要失效模式所决定。目前确定结构系统失效模式的方法主要有 β-unzipping 法、分枝限界法、增量载荷法和准则法等。

2.3.1.1 β-unzipping 法

β-unzipping 法是一种可在不同级结构上，估计结构系统可靠性的方法。该方法比较简单，并且具有一定的精度。

对于单一结构元件失效的结构系统可靠性估计（即元件具有

最低可靠性指标）称为 0 级系统可靠性。在 0 级，结构系统的可靠性等于具有最低可靠性指标的元件的可靠性。所以，这种可靠性分析实际上不是系统可靠性分析，而是元件的可靠性分析。在 0 级，认为每个元件与其他元件相互独立，在可靠性估计中不考虑元件间的相关性。设结构由 n 个失效元件（即可发生失效的元件或点）组成，并设失效元件 i 的可靠性指标用 β_i 表示，则在 0 级，系统可靠性表示为：$\beta_S = \min\limits_{i=1,2 \cdots n} \beta_i$。

结构系统可靠性更满意的估计可在 1 级完成，其中任何失效元件的失效概率，均由将结构系统模拟为以失效元件为其元件的串联系统来考虑，如图 2-2 所示。该串联系统的失效概率可根据系统模型中各失效元件的可靠性指标和失效元件安全余量间的相关性来计算。

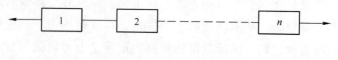

图 2-2　一级系统模拟图

在 1 级，系统的失效定义为一失效元件的失效。在图 2-2 中，串联系统包括 n 个失效元件，失效概率的估计，通常可仅由包括有低于 β 值的失效元件得到，并有满意的精度。这样的失效元件的选择，可由选择失效元件的 β 值在一区间（$\beta_{\min}$，$\beta_{\min} + \Delta\beta_1$）内来完成。这里的 $\Delta\beta_1$ 应以合适的方法来选择。这些选的失效元件称为关键失效元件。

在 2 级，结构系统可靠性按串联系统估计，其中每个元件（即一个失效模式）是由两个失效元件组成的并联系统，如图 2-3 所示。为得到这些关键对的失效元件，由假定关键失效元件依次失效，并施加人为的对应于失效元件承载能力的载荷来修改结构系统。设元件 i 是关键失效元件，则由假定元件 i 失效和失效元件的承载能力作为人为的载荷施加于结构上来修改结构系统，此时元件是塑性性质。若失效元件是脆性性质，就不施加人为的载荷。然后分析被修改的结构，并计算所有其余失效元件的新 β 值，则低于 β 值的失效元件和元件 i 的组合，即确定了若干关键对的失效元件，如图 2-4 所示。

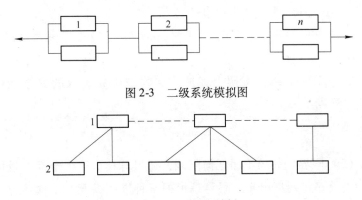

图 2-3　二级系统模拟图

图 2-4　二级失效树

同理，3 级可靠性分析用上述方法根据串联系统得到，其中元件是每个都由三个失效元件组成的并联系统。采用相同的方法，可进行 4 级、5 级等的可靠性估算。

2.3.1.2　分枝限界法

对于结构系统，设结构由 n 个元件组成，静不定度为 s。在搜索和生成失效模式时，实质上是寻找对应于每一失效模式的失效元的集合及其失效顺序，即每一失效模式的失效路径。分枝限界法的原理，是对于大型结构系统，通过分枝和限界，从众多的失效模式中，找出主要失效模式来计算结构系统的可靠度。它包括分枝和限界两个步骤。

（1）分枝：分枝就是选取失效路径中的失效元。

假设具有 n 个元件的结构系统已有 $k-1$ 个失效元件 r_1、r_2、…、r_{k-1} 失效, 但结构系统仍未失效, 现要选取第 k 个失效元件 r_k。显然, 在第 k 个失效级上, 共有 $n-(k-1)$ 个候选失效元, 此时, 对于 r_1、r_2、…、r_{k-1} 有 $n-(k-1)$ 个可选择的失效路径, 每个失效路径发生的概率为:

$$P_{rk} = P[E_{r1} \cap E_{r2} \cdots \cap E_{r(k-1)} \cap E_{rk}] \quad rk \in I_C \quad (2\text{-}36)$$

式中 E_{ri}——元件 r_i 的失效事件;

I_C——总事件, 当第 $k-1$ 时, $n-(k-1)$ 个未失效元的集合。

在第 k 失效级, 按照上述原则, 则被优先选取的失效元件应为:

$$r_{max}^{(k-1)} = \max_{i \in I_C} [P_i^{(k-1)}] \quad (2\text{-}37)$$

(2) 限界: 如果不加任何限制, 通过分枝可以把全部失效模式的失效路径列举出来。限界是根据某种准则抛弃对结构系统失效概率贡献微不足道的次要失效模式而只保留主要失效模式。

考虑第 i 个完全的失效路径的失效元件序列 (r_1, r_2, …, r_p), 它包含 q 个失效元, 而最后的失效元为 r_q, 并设这个失效模式所对应的失效概率为 P_i。当满足下式时, 该失效模式被删去:

$$P_i \leqslant \delta P_f \quad (2\text{-}38)$$

式中 δ——一个指定的常数, 显然应有:

$$0 \leqslant \delta \leqslant 1 \quad (2\text{-}39)$$

当 $\delta = 0$ 时, 意味着保留所有的失效模式。δ 的大小直接影响被保留的主要失效模式的数目。

P_i 由下式决定:

$$P_i = P(E_{r1} \cap E_{r2} \cdots \cap E_{rq}) \quad (2\text{-}40)$$

在判断主要失效模式过程当中, P_{fs} 是一个未知数, 它可用先前生成的主要失效模式的失效概率来近似:

$$P_f \approx \begin{cases} 10^{-30} & k = 1 \\ P_{fi} & k \geq 2(j \in k - 1) \end{cases} \tag{2-41}$$

式中　P_{fi}——先前生成的主要失效模式对结构失效概率的贡献之和。

分枝限界的基本步骤如下：

（1）分枝运算：计算该级候选元的可靠性指标并确定失效元的排列顺序，转（2）。

（2）界限运算并用 $P_i \leq \delta P_f$ 判别该失效路径是否被删除。

1）若该失效路径被删除，则转（3）；

2）若该失效路径被保留，则转（4）。

（3）沿原路径后退一级，即令 $k - 1 \Rightarrow k$，回到前一级，并恢复前一级结构系统的刚度和承载状态，转（5）。

（4）判断结构是否失效：

1）若结构未失效，则令 $k + 1 \Rightarrow k$，修改结构的刚度与承载状态，转（1）；

2）若结构失效，则转（7）。

（5）检查是否满足终止准则之一：

1）若满足终止准则之一，则转（7）；

2）若不满足终止准则之一，则转（6）。

（6）检查当前的失效级上是否还有未经筛选的该级候选失效元：

1）若有未筛选的该级候选失效元，则与该失效元形成新的失效路径，转（2）；

2）若无未筛选的该级候选失效元，则转（3）。

（7）形成一失效模式，即令 $m + 1 \Rightarrow m$（m 为保留失效模式数），转（5）。

（8）停止运算并输出结果。

其算法的计算流程如图 2-5 所示。

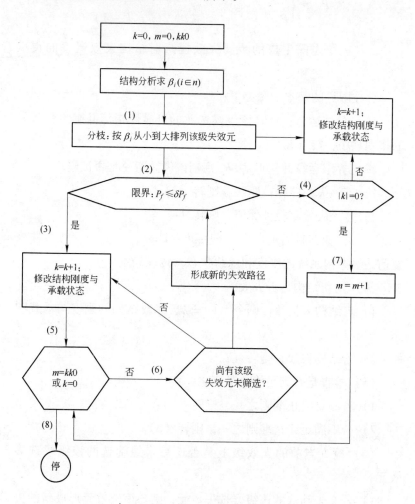

图 2-5　分枝界限法流程图

2.3.1.3　增量载荷法

在由 n 个元件组成的结构系统中，设 r_1、r_2、$\cdots$、r_{k-1} 共有 k -1 个元件已经相继失效，它们对应的增量载荷分别是 ΔP_1、

ΔP_2、$\cdots$、ΔP_{k-1}。在失效过程的第 $k-1$ 阶段，可以算出 $n-(k-1)$ 个未失效元件中任一元件 $i \in I_C$ 的残余强度 R_i^{k-1} 为：

$$R_i^{k-1} = R_i^0 - \sum_{j=1}^{k-1} d_{ji} \Delta P_j \qquad (2\text{-}42)$$

式中　d_{ji}——$\Delta P_j = 1$ 时，i 元件的内力。

并可算出各未失效元的承力比 λ_i^{k-1} 为：

$$\lambda_i^{k-1} = \frac{d_{k-1,i}}{R_i^{k-1}} \quad (i \in I_C) \qquad (2\text{-}43)$$

式中　I_C——未失效元的集合。

进而可找到 λ_i 中最大的承力比 $\lambda_{\max}^{k-1}$：

$$\lambda_{\max}^{k-1} = \max_{i \in I_C} \left[\lambda_i^{k-1} \right] = \lambda_t^{k-1} \qquad (2\text{-}44)$$

可见：

$$\Delta P_{k,j} = \frac{R_i^{k-1}}{d_{k-1,i}} = \frac{1}{\lambda_i^{k-1}} \qquad (2\text{-}45)$$

为失效过程的第 k 阶段，对应于元件 i 失效的外载荷增量。当 $i = t$ 时，$\lambda_t^{k-1} = \lambda_{\max}^{k-1}$，此时的 $\Delta P_{k,t}$ 为此阶段最小的外载荷增量。为此，为了使得在失效过程中任一阶段，载荷增量取值较小的那些元件（它们的安全余量较小）进入主要失效模式的失效元组合，下面给出删除次要失效模式的准则。

在 $n-(k-1)$ 个 k 级的候选失效元中，只有满足下式的 N_k 个元件才被保留：

$$C_{k-1} \leqslant \frac{\lambda_i^{k-1}}{\lambda_{\max}^{k-1}} \leqslant 1 \qquad (2\text{-}46)$$

显然，式中的分枝限界参数 C_{k-1} 应有：

$$0 < C_{k-1} \leqslant 1 \qquad (2\text{-}47)$$

即可以得到在失效过程中 k 阶段将要进入失效路径的 N_k 个失

效元。

当 $C_{k-1} = 1$，即 $\lambda_t^{k-1} = \lambda_{max}^{k-1}$ 时，t 元件有此阶段最小的外载荷增量。

对应于 N_k 个 k 阶段失效元件，结构系统的外载荷增量为：

$$\Delta P_{k,i} = \frac{1}{\lambda_i^{k-1}} = \frac{R_i^{k-1}}{d_{k-1,j}} \quad (i \in N_k) \tag{2-48}$$

可见，由失效过程的第 $k-1$ 阶段过渡到第 k 阶段，结构系统所能承受的最大广义外载荷 $R_{s,i}$ 为：

$$R_{s,i} = \sum_{i=1}^{k} \Delta P_{j,i} \quad (i \in N_k) \tag{2-49}$$

结构系统失效的 $R_{s,i}$ 就是系统的 N_k 个极限承载能力，它们对应于不同的失效元组合：r_1，r_2，$\cdots$，r_{k-1}，$r_i(i \in N_k)$。

重复上述过程，直到结构系统失效为止，则组合顺序失效的元件便可得到结构系统的一系列主要失效模式。

经过对比，第三种方法更适合用于工程应用，因此本书采用第三种方法。

2.3.2　结构系统主要失效模式安全余量方程的确定

下面介绍增量载荷法形成失效模式安全余量方程的方法。

对于由 n 个元件组成的结构系统，设作用有单一的外载荷 P，增量载荷法形成结构系统失效模式安全余量的基本思路如下：

（1）第一个增量载荷是让结构系统的外载荷 P 从零增加到 ΔP_1，用 ΔP_1 表示第一个增量载荷。当外载荷 P 从零增加到 ΔP_1 时，结构系统内达到极限承载状态的第一个元件的内力等于强度，其他元件的内力小于强度。或者说这个元件的内力强度比等于 1，而其他元件的内力强度小于 1。但是，对于每个元件，显然都有使它达到其极限承载状态的 ΔP_1。这是因为内力和强度都是随机变量，因此各个元件都有第一个达到极限承载状态的可能，也就是说，各元件都有形成某失效模式第一失效元件的可能。

（2）第二个增量载荷 ΔP_2，代表结构在原有 ΔP_1 外载荷的基础上再增加 ΔP_2，此时总的外载荷为从 ΔP_1 增加到 $\Delta P_1 + \Delta P_2$。当外载荷达到 $\Delta P_1 + \Delta P_2$ 时，结构系统出现达到极限状态承载状态的第二个元件。即在 $\Delta P_1 + \Delta P_2$ 的外载荷作用下，这个元件的内力强度比等于1，而其他元件的内力强度比小于1。同样，对于未达到极限承载状态的 $n - 1$ 个元件都有使它达到其他极限承载状态的 ΔP_2。

（3）继续加增量载荷 ΔP_3，ΔP_4，…，直至 ΔP_q 引起结构系统失效而形成一失效模式为止。

（4）对应于第 i 失效模式的结构系统强度，此时为：

$$R_{s,i} = \sum_{j=1}^{q} \Delta P_{j,i} \quad (i \in m) \tag{2-50}$$

式中　m——失效模式数。

因此，失效模式的安全余量为：

$$M_i = R_{s,i} - P \quad (i \in m) \tag{2-51}$$

（5）设法求出 ΔP_i，即可求得 R_s，进而得到失效模式的安全余量 M_i。

当某一失效模式中第一个元件 r_1 达到极限承载状态时，它所对应的增量载荷为：

$$\Delta P_1 = \frac{R_1}{d_{11}} \tag{2-52}$$

式中　R_1——元件 r_1 的强度。

$d_{11} = 1 - \Delta P_1 = 1$ 时，元件 r_1 的内力可由解析法或有限元法求得。

当该失效模式中第二个元件 r_2 达到极限承载状态时，它所对应的增量载荷为：

$$\Delta P_2 = \frac{R_2 - d_{21}\Delta P_1}{d_{22}} \qquad (2\text{-}53)$$

式中 d_{21}——$\Delta P_2 = 1$ 时，元件 r_1 的内力；

$\quad\quad d_{22}$——$\Delta P_2 = 1$ 时，元件 r_2 的内力。

当失效模式中第 k 个元件 r_k 达到极限承载状态时，它所对应的增量载荷为：

$$\Delta P_k = \frac{R_k - \sum\limits_{j=1}^{k-1} d_{jk}\Delta P_j}{d_{kk}} \qquad (2\text{-}54)$$

式中 d_{jk}——$\Delta P_j = 1$ 时，元件 r_k 的内力；

$\quad\quad d_{kk}$——$\Delta P_k = 1$ 时，元件 r_k 的内力。

设当 r_1、r_2、$\cdots$、r_k、$\cdots$、r_q 失效时，使得结构失效而形成以失效模式，则此时该失效模式的安全余量为：

$$M = R_s - P \qquad (2\text{-}55)$$

而结构系统的强度 R_s 为：

$$R_s = \sum_{j=1}^{q} \Delta P_j = \frac{R_1}{d_{11}} + \frac{R_2 - d_{21}\Delta P_1}{d_{22}} + \cdots +$$

$$\frac{R_k - \sum\limits_{j=1}^{k-1} d_{jk}\Delta P_j}{d_{kk}} + \cdots + \frac{R_q - \sum\limits_{g=1}^{q-1} d_{gq}\Delta P_g}{d_{qq}} \qquad (2\text{-}56)$$

2.3.3 结构系统的综合概率

2.3.3.1 结构的基本系统

对于任何一个复杂的结构系统，可根据各失效模式间的关系将其简化为基本系统。基本系统大致可归纳为以下 3 种：

（1）串联系统。由若干个单一构件组成的结构系统，如果其中任意一个构件破坏，就会导致整个系统的破坏，则可将其模型化为一个串联系统。

（2）并联系统。对于超静定结构系统，如果其中一个构件破坏，其他尚未破坏的构件仍能继续承受载荷重新分配后的最大载荷，只有能够使结构形成机构的一组构件破坏，才能导致整个结构系统破坏，这组构件的破坏就称为结构系统的一个失效模式。这种失效模式可以模型化为一个并联系统。

（3）混联系统。实际的超静定结构系统，通常有许多种失效模式，每一种失效模式都可以用一个并联系统来表示，每一个并联系统的失效都将导致整个系统的破坏，这些并联系统又可以组成一个串联系统。这就是结构的混联系统。

在混联系统中，不仅各构件之间有相关性，而且失效模式之间也存在相关性。

2.3.3.2 失效模式安全余量方程的计算

设某失效模式所对应的安全余量方程为：

$$
\begin{cases}
g_k = a_{k0} + a_{k1}Z_1 + a_{k2}Z_2 + \cdots + a_{kl}Z_l = a_{k0} + a_k^T \overline{Z} \\
a_k = (a_{k1}, a_{k2}, \cdots, a_{kl}) \\
\overline{Z} = (Z_1, Z_2, \cdots, Z_L)
\end{cases} \tag{2-57}
$$

定义：

$$
\begin{cases}
\beta_k = \dfrac{\mu_{gk}}{\sigma_{gk}} = \dfrac{\alpha_{k0}}{\sigma_{gk}} \\
\overline{\alpha}_k = \dfrac{\alpha_k}{\sigma_{gk}} \\
\sigma_{gk} = \sqrt{\alpha_k^T \alpha_k}
\end{cases} \tag{2-58}
$$

则失效模式所对应的安全余量方程可改写为等价形式：

$$g_k = \beta_k + \overline{\alpha}_k^T \overline{Z} \tag{2-59}$$

定义 m 维标准正态分布的累计分布函数为 $\Phi_m(\overline{x}, \overline{\overline{\rho}})$，则：

$$P_{f_i} = \Phi_m(\overline{x}, \overline{\overline{\rho}}) \tag{2-60}$$

其中：

$$\begin{cases} \overline{\beta} = (-\beta_1, -\beta_2, \cdots, -\beta_m) \\ [\overline{\overline{\rho}}]_{kj} = \overline{\alpha}_k^T \overline{\alpha}_j \end{cases} \tag{2-61}$$

为讨论的方便，定义广义可靠度指数 $\beta^e = -\Phi^{-1}[\Phi_m(\overline{x}, \overline{\overline{\rho}})]$。

当 $m = 2$ 时，有：

$$\Phi_2(-\beta_1, -\beta_2, \rho_{12}) = \int_{-\infty}^{-\beta_1} \int_{-\infty}^{-\beta_2} \Phi_2(t_1, t_2, \rho_{12}) \mathrm{d}t_1 \mathrm{d}t_2 \tag{2-62}$$

其中：

$$\Phi_2(t_1, t_2, \rho_{12}) = \frac{1}{\sqrt{2\pi(1-\rho_{12}^2)}}$$

$$\exp\left[-\frac{1}{2(1-\rho_{12}^2)}(t_1^2 + t_2^2 + 2\rho_{12}t_1t_2)\right] \tag{2-63}$$

由式（2-62）知：

$$\frac{\partial^2 \Phi_2(-\beta_1, -\beta_2, \rho_{12})}{\partial(-\beta_1)\partial(-\beta_2)} = \frac{\partial \Phi_2(-\beta_1, -\beta_2, \rho_{12})}{\partial \rho_{12}} \tag{2-64}$$

因此：

$$\begin{cases} \Phi_2(-\beta_1, -\beta_2, \rho_{12}) = \Phi_2(-\beta_1, -\beta_2, 0) + \int_0^{\rho_{12}} \frac{\partial \Phi_2(-\beta_1, -\beta_2, t)}{\partial t}\bigg|_{t=y} \mathrm{d}y \\ \qquad\qquad\qquad = \Phi_2(-\beta_1, -\beta_2, 0) + \int_0^{\rho_{12}} \Phi_2(-\beta_1, -\beta_2, y) \mathrm{d}y \end{cases}$$

$$\tag{2-65}$$

早期研究工作中，基于几何原理 Ditlevsen 提出过一种近似计算 P_{ij} 的方法。

Ditlevsen 证明：

$$\begin{cases} \max[P_A, P_B] \leqslant P_{ij} \leqslant P_A + P_B & (\rho_{ij} > 0) \\ 0 \leqslant P_{ij} \leqslant \min[P_A, P_B] & (\rho_{ij} \leqslant 0) \end{cases} \quad (2\text{-}66)$$

其中：

$$\begin{cases} P_A = \Phi[-\beta_i]\Phi\left[-\dfrac{\beta_j - \rho_{ij}\beta_i}{\sqrt{1 - \rho_{ij}^2}}\right] \\[4mm] P_B = \Phi[-\beta_j]\Phi\left[-\dfrac{\beta_i - \rho_{ij}\beta_j}{\sqrt{1 - \rho_{ij}^2}}\right] \end{cases} \quad (2\text{-}67)$$

ρ_{ij} 为失效模式 i 与失效模式 j 的相关系数，其值为：

$$\rho_{ij} = \frac{Cov[g_i, g_j]}{\sqrt{Var[g_i]Var[g_j]}}$$

$$= \frac{\overline{\alpha_i}^T \overline{\alpha_j}}{\sqrt{\overline{\alpha_i}^T \overline{\alpha_i}} \sqrt{\overline{\alpha_j}^T \overline{\alpha_j}}} = \cos\theta \quad (2\text{-}68)$$

式中　θ——由 $\overline{Z} = (Z_1, Z_2, \cdots, Z_l)^T$ 组成的 l 维线性空间中超平面 $g_i = 0$ 和 $g_j = 0$ 之间以弧度为计量单位的夹角。

当 $\rho_{ij} > 0$ 时，Thoft-Christensen 和 Murotsu 建议采用以下近似公式计算 P_{ij}：

$$P_{ij} \approx \frac{1}{2}(\max[P_A, P_B] + P_A + P_B) \quad (2\text{-}69)$$

当 $\rho_{ij} > 0$ 时，冯元生给出了以下近似公式：

$$P_{ij} \approx (P_A + P_B)\left(\frac{\pi - \theta}{\pi}\right) \quad (2\text{-}70)$$

而董聪给出了以下近似公式：

$$P_{ij} \approx \begin{cases} \max[P_A, P_B] + \min[P_A, P_B]\left(\dfrac{\pi - 2\theta}{\pi}\right) & (\rho_{ij} \geqslant 0) \\[4mm] \min[P_A, P_B]\dfrac{2(\pi - \theta)}{\pi} & (\rho_{ij} < 0) \end{cases}$$

$$(2\text{-}71)$$

对于工程技术人员，可采用以下给出的二阶近似方法计算系统的综合失效概率。1979 年，Ditlevsen 提出系统可靠性的窄边界法。研究表明，系统二阶失效概率上下界的宽度依赖于失效模式的排序结果。通常，按 $P_1 \geqslant P_2 \geqslant \cdots \geqslant P_k$ 的顺序排列失效模式。具体公式如下：

$$P_1 + \sum_{i=2}^{k} \max\left(P_i - \sum_{j=1}^{i-1} P_{ij}, 0\right) \leqslant P_{fs} \leqslant \sum_{i=1}^{k} P_i - \sum_{j=2}^{k} \max_{j<i} P_{ij}$$

$$(2\text{-}72)$$

式中 P_{ij} ——第 i 条失效路径与第 j 条失效路径的二阶联合失效概率。

计算 P_{ij} 的经验公式很多，本书采用董聪给出的以下公式：

$$P_{ij} = \begin{cases} \max[P_A, P_B] + \min[P_A, P_B]\left(\dfrac{\pi - 2\theta}{\pi}\right) & (\rho_{ij} \geqslant 0) \\[4mm] \min[P_A, P_B]\dfrac{2(\pi - \theta)}{\pi} & (\rho_{ij} < 0) \end{cases}$$

$$(2\text{-}73)$$

其中：

$$\begin{cases} P_A = \Phi(-\beta_i)\Phi\left(\dfrac{-\beta_j + \rho_{ij}\beta_i}{\sqrt{1 - \rho_{ij}^2}}\right) \\[5mm] P_B = \Phi(-\beta_j)\Phi\left(\dfrac{-\beta_i + \rho_{ij}\beta_j}{\sqrt{1 - \rho_{ij}^2}}\right) \end{cases}$$

$$(2\text{-}74)$$

Ditlevsen 界限法考虑了二阶联合失效概率，故计算精度相对较高，特别是当失效元件间的相关系数小于 0.6 时，接近精确值，因此得到广泛的应用。以下通过立体车库钢结构的可靠性分析与计算来说明。

2.4 立体车库钢结构系统随机可靠性算例分析

机械式立体车库是停车设备的一种，目前我国已将机械式立体车库纳入机电类特种设备。本书选择具有复杂结构系统特征的机械式立体车库（简称立体车库）钢结构系统为研究对象，进行结构系统随机可靠性计算方法的算例探讨。

2.4.1 立体车库介绍

随着中国人口和汽车拥有量的正增长和可用土地资源的负增长，面对汽车进入家庭的趋势，停车难的矛盾将会不可避免地摆到世人面前。大力发展立体停车场和高密度立体停车系统已成为必然需求。目前最有发展前途的是垂直升降机械式停车设备，通常称为电梯式车库（见图 2-6）。

垂直升降机械式停车设备为钢结构主体外敷建筑材料的建筑物，中央为一天井，该天井内装有一台提升机，用于提升存入/取出车库的汽车。天井左右侧各设一列多层的钢结构停车车位用于存储汽车。在每个停车车位上放置一个用于停放车辆的托盘。车辆存入/取出的整个过程由管理计算机指令 PLC 可编程序控制器自动完成。立体停车系统具备理库功能，即按优先低层存储的原则存车。存车过程为：车辆驶入车库入口处，由设置在入口处的光电传感器自动检测驶入车辆的外型（长、高、宽、重、活物）是否满足存储要求，同时识别是小型客车还是轿车，以便计算机系统自动将其安排在相应的存车车位。在确认属于可存放范围、车

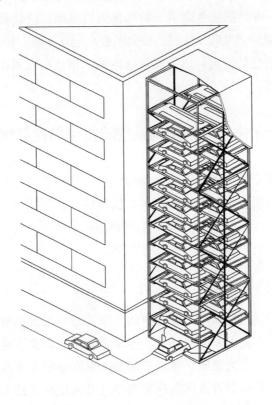

图 2-6 垂直升降机械式立体停车设备示意图

辆检测合格后,提升机根据自动检测的结果,取出相应车位的托盘送至立体停车系统的入口处,托盘旋转90°。天井进口处的安全栏杆开启,自动发出允许车辆驶入的信号,允许车辆驶入。车辆驶入提升机的托盘上,当车辆驶到停车位置时,前方发出车辆制动信号,车辆制动熄火,司机退出。待托盘上的阻车器固定车辆后,车辆进入准备提升状态。司机或操作人员键入存车代码及入库指令,计算机系统在检测各种状态正常后,提升机将带有车辆的托盘提升到存车车位的相应层,提升电机采用双速变频调速电机,高层提升时采用启动→加速→匀速→加速→匀速→减速→匀速→减速→制动（停止）的提升方式，以满足存入/取出的工作效率。届时通过安装在提升机上的传感器确认存车车位的状态，提升机微升，设置在提升机轿厢上的叉式移载机使托盘与提升机轿厢脱离，并与存车车位等高，而后叉式移载机将托盘连同车辆平移至存车车位上。提升机微降，叉式移载机的货叉回退，复位。提升机降至出库层，做好下次存车准备，完成存车过程。出车过程为：键入出库命令同时键入存车代码，提升机升至相应存车层，移载机货叉伸出到出库汽车托盘的下方，提升机微升，移载机使托盘和停车位脱离，货叉收回使汽车和托盘停留在提升机中央，提升机下降至出库层，托盘旋转90°，车辆驶出，完成出库过程。

立体车库钢结构作为典型的大型空间结构系统，是一个构成复杂、高冗余度的刚架结构系统。从有限元角度讲，系统内各构件的相关单元非常多。在承载方面，结构系统在其使用寿命期限内承受着各种载荷，包括汽车载荷、自重载荷、起升设备载荷以及存取汽车时对结构系统产生的动载影响等。同时，当结构系统的高度超过一定范围时，风载荷、地震载荷这些水平载荷对系统产生的作用非常大。因此，在设计阶段，必须考虑所有这些载荷以及结构的抗风和抗震能力。以上所述特点使得系统内各构件间相互关系复杂，且各构件在系统内所起的作用并不相同，重要性也不相同。所以，在设计阶段，从可靠性角度讲，对各构件的可靠度要求也是不同的。因此，在设计时，客观上就要求对钢结构系统的可靠性要有全面的、系统的分析和研究，以便进行最优设计，从而使结构获得更高的安全性，具有良好的使用性能，同时又能节省材料，具有较高的经济性，大大提高社会经济效益，以达到结构系统可靠性与经济性的最优匹配。

在结构系统可靠性分析中，主要任务是根据结构系统的具体特点，确定出结构合理的失效准则，并从众多失效模式中找出对结构系统可靠度贡献值最大的主要失效模式。然后根据相关可靠性理论和算法求出相关的可靠性参数。鉴于这一点，以结构系统可靠性理论为基础，对立体车库钢结构的失效准则和主要失效模式确定及其结构系统概率的确定进行了详细的分析和讨论，并结合立体车库钢结构系统的具体结构特性和承受的多项外载荷特点，探索出一种适合于确定在组合载荷作用下复杂刚架结构系统可靠性的分析方法。

2.4.2 立体停车系统力学模型的建立

2.4.2.1 立体停车系统钢结构简图的确定

立体停车系统由钢结构、提升、移载、回转、控制、消防、通风、排水等系统组成。而钢结构是立体停车系统的主体部分，与外敷装饰材料构成车库外形。具体结构简图如图2-7所示。该结构由底部、中部（标准层）、顶部花架组成。中部由标准单元组成，用户可任意加减标准单元的个数，以满足不同停车容量的要求。由于制造、安装、运输要求，结构需分体制造，采用螺栓连接形式现场安装。结构的存储能力、外形尺寸、载荷、型材可由用户选取。

2.4.2.2 立体停车系统钢结构受力状况和基本假设

立体停车系统钢结构受力主要有：

（1）钢结构本身自重；

（2）车辆及托盘的重力；

（3）一个运动车辆及托盘的动载效应10%~20%；

（4）滑轮组及轿厢的重力；

（5）滑轮组及配重的重力；

（6）结构所受的风载荷；

（7）结构所受的地震载荷。

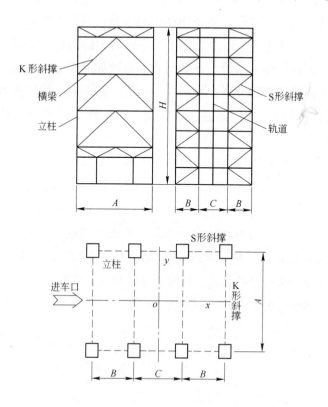

图2-7 基本型立体停车系统

结构分析计算中的基本假设有：

（1）假设不计由于温度变化引起的热应力；

（2）忽略结构的初始变形；

（3）假设立体停车系统满载；

（4）假设车辆重心偏载10%~20%。

本书将基于以上的假设进行力学建模和分析。

2.4.2.3 立体停车系统力学模型的建立

图2-7所示就是本课题研究的立体停车钢结构系统的结构展

开简图。由于立体停车系统钢结构的层数、载荷、外形尺寸都可以由用户任意选取，所以立体停车系统的钢结构建立必须形成参数化。不管结构的层数、外形尺寸等参数如何千变万化，模型都能对不同结构计算分析。鉴于这一目标，在有限元建模时就要考虑到计算分析应在满足强度、刚度、稳定性的同时对结构尽量简化。

立体停车系统钢结构中立柱主要承受轴向力和弯矩（可以等效为轴向力），立柱的截面面积大于 S 形梁和 K 形梁的截面面积，S 形、K 形梁主要承受剪力（横向力）及扭矩，而立柱内力主要是承受截面上的弯矩和轴向力，其验算式可先根据外力等效作用到截面中心的弯矩 M_x、M_y 以及轴向力 P。根据金属结构中对双向偏心受压构件的计算公式来计算强度、刚度、稳定性。

双向偏心受压构件的强度为：

$$\frac{N}{A_j} + \frac{M_x}{\left(1 - \dfrac{N}{N_{Ex}}\right)W_{jx}} + \frac{M_y}{\left(1 - \dfrac{N}{N_{Ey}}\right)W_{jy}} \leqslant [\sigma] \qquad (2\text{-}75)$$

偏心压杆构件的刚度为：

$$Y_L = \frac{f}{1 - \dfrac{N}{N_E}} \leqslant [Y_L] \qquad (2\text{-}76)$$

偏心受压构件的整体稳定性为：

$$\frac{N}{\varphi A} + \frac{M_x}{\left(1 - \dfrac{N}{N_{Ex}}\right)W_x} + \frac{M_y}{\left(1 - \dfrac{N}{N_{Ey}}\right)W_y} \leqslant [\sigma] \qquad (2\text{-}77)$$

式中　N——构件的轴向力；

M_x；M_y——构件的基本弯矩；

N_{Ex}，N_{Ey}——构件对截面和轴的欧拉临界力；

φ——构件轴压稳定系数；

A——构件的毛截面面积；

W_x，W_y——构件毛截面对 x 轴和 y 轴的截面模数。

2.4.2.4 立体车库钢结构地震载荷与风载荷的计算

A 地震载荷的计算

计算地震载荷时采用底部剪力法，如图 2-8 所示，则结构中的水平作用标准值或底部总水平剪力为：

$$F_{EK} = \alpha_1 G_{eq} \qquad (2\text{-}78)$$

式中 α_1——相应于结构基本周期 T_1 的水平地震影响系数 α 值；

G_{eq}——计算地震作用的恒载标准值和其他重力荷载的组合

值，$G_{eq} = \sum\limits_{i=1}^{n} G_i$。

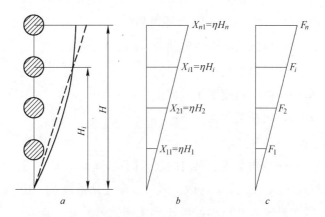

图 2-8 底部剪力法示意图

a—结构质点图；b—结构位移示意图；c—结构受力示意图

而作用在第 i 质点上的水平地震作用标准值的计算公式为：

$$F_i = \frac{G_i H_i}{\sum\limits_{i=1}^{n} G_i H_i} F_{EK} \qquad (2\text{-}79)$$

式中 F_{EK}——结构总水平地震作用标准值，按式（2-78）计算；

G_i——集中于质点 i 的重力荷载代表值；

H_i——质点 i 的计算高度。

由以上公式可以看出：地震载荷的值不仅与结构的质量和几何尺寸有关，而且与地震的级别有关。对于已经具体的立体车库，其结构的材料与几何尺寸基本不变，只有地震级别会变化，所以可随机选取地震级别从而选取相对应的 α_1 值后计算结构所承受的地震载荷。

B 风载荷的计算

风载荷主要由风压和受风物体体型尺寸所决定，风压是风载荷中的基本量。

结构所受的风载荷按下式计算：

$$P_w = CK_h\beta_1 qA \tag{2-80}$$

式中 P_w——物体或结构的风载荷，kN；

C——风力系数；

K_h——风压高度变化系数；

β_1——风振系数；

q——计算风压，Pa；

A——结构垂直于风向的迎风面积，mm^2。

计算风压 q 按表 2-2 选取。风压高度变化系数 K_h 的值按表2-3查取。风力系数 C 和风振系数 β_1 可参考文献［32］选取。

表 2-2 风压值

地 区	工 作 状 态		非工作状态
	q_I	q_{II}	q_{III}
内 陆		150	500 ~ 600
沿 海	$0.6q_{II}$	250	600 ~ 1000
台湾地区及南海诸岛		250	1500

表2-3 风压高度变化系数 K_h

离地（海）面高度 h/m	陆 上	海上及海岛
≤10	1.00	1.00
20	1.23	1.15
30	1.39	1.25
40	1.51	1.32
50	1.62	1.38
60	1.71	1.43
70	1.79	1.48
80	1.87	1.52
90	1.93	1.55
100	1.99	1.58
110	2.05	1.61
120	2.11	1.64
130	2.16	1.64
140	2.20	1.70
150	2.25	1.72
200	2.45	1.82

C 载荷的简化和模拟原则及工况的选择

a 载荷的简化

无论风载荷还是地震载荷，都是随时间变化的，且变化速度很快，它接近或远小于结构基本周期值。因此除了风载荷尚存在一段平均力外，其性质是动力的，它将引起结构的振动。由于缺乏足够详细的统计资料和试验数据，同时，本书主要任务是分析结构系统的可靠性研究，所以为了简化，风载荷和地震载荷均以静力动力等效代替。

b 载荷的模拟原则

根据车库的地理位置、地貌特征和地区，风载荷先由面分布均布载荷换算为线分布的均布载荷作用于梁单元上，再按有限元原理以等效节点载荷代替并作用于梁单元两端节点上。具体换算公式为：

$$q_l = \frac{WHq_A}{\sum L} = \frac{WHq_A}{2(W + H + L)} \qquad (2\text{-}81)$$

式中　q_A——标准风压值。

c　工况的选择

应根据作用于立体车库上的各类载荷出现的几率并考虑对结构最不利的作用情况，把可能同时出现的载荷进行合理的组合。在载荷组合方面，立体车库钢结构系统在承受以上所述各种载荷的情况下，假设风载荷和地震载荷作用方向相同，并沿 x 轴逆方向、y 轴方向、对角线方向三种情况作用于结构系统上。

三种工况如下：

工况一：如图2-9a所示，风载荷和地震载荷作用于 x 坐标轴的负方向，即钢结构的 y 面上受风载荷。

工况二：如图2-9b所示，风载荷和地震载荷作用于 y 坐标轴的负方向，即钢结构的 x 面上受风载荷。

工况三：如图2-9c所示，风载荷和地震载荷与 x 轴的夹角是 α，工况三中结构的受力情况等价于工况一与工况二的线性组合。

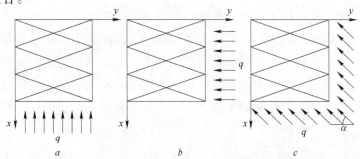

图2-9　三种工况示意图

a—工况一；b—工况二；c—工况三

2.4.3 立体车库钢结构系统失效模式的确定

2.4.3.1 立体车库钢结构进行可靠性分析的具体假设

（1）结构系统中所有元件（即梁单元的节点截面）都是纯塑性的，当元件发生破坏时，构件两端或集中力（或集中力矩）作用处变为铰节点。由于有限单元法分析中，在划分单元时，把集中力（或集中力矩）作用点作为节点，所以梁单元只可能在其两端截面处破坏。

（2）确定失效模式时，所有外载荷均按其均值来计算。

（3）根据增量载荷法规定，在立体车库钢结构所受的所有的外载荷中，风载荷和地震载荷均视为随机变量，将其组合成一广义力 S，结构件自重和起升设备重量以及托盘重量（包括汽车重量）为定值载荷 P 作用于结构上。

（4）假设所有结构件均由相同材料组成，且破坏形式为塑性破坏，这样，各元件的强度极限值均为材料的屈服极限 σ_s。

2.4.3.2 失效过程的有限元模拟

按照假设条件，立体车库钢结构系统有限元模型中，单元的破坏形式只是单元的端点由原来的刚节点变为铰节点，即材料是塑性破坏。所以，在确定结构系统主要失效模式时，首先确定结构系统在外载荷作用下，哪些失效元件（即各单元刚节点）的强度值首先达到屈服极限值 σ_s，然后释放相关节点方向的自由度再进入下一增量载荷级的计算。

在程序实施过程中，单元节点的自由度释放代码用 0 和 1 组成的一个六位数来表示，它们依次代表沿局部坐标 $\bar{x}, \bar{y}, \bar{z}$ 方向的线位移自由度释放代码和绕局部坐标轴 $\bar{x}, \bar{y}, \bar{z}$ 转动的角位移自由度释放代码。若某一自由度被释放，则代码为 1，否则为0。

2.4.3.3 失效模式的模拟

在计算过程中，有可能出现以下情况，即在确定某一级增量载荷及其相应的最严重失效元件和次严重失效元件时，有可能出现多个元件（单元的刚节点）的应力值相同（实际并不完全相同，只是通过对结果数据文件处理后格式化输出时，会出现这种情况），且为最大值，即同时出现多个最严重失效元件。这时，有两种处理方法：一种是先对其中一最严重失效元件释放其相关方向的自由度，并在确定了相应的增量载荷及次严重失效元件后，再进行下一级增量载荷及相关最严重失效元件和次严重失效元件的求解；另一种方法是在确定同一级增量载荷时，同时释放所有最严重失效元件相关方向的自由度，求出次严重失效元件后进行下一级增量载荷的求解。通过算例验证，用前一种处理方法，在下次求解时，上次求解时那些没有释放相关方向自由度的最严重失效元件，在本次求解时其应力值仍为最大值，即在下次求解时，该元件仍为最严重失效元件。由于在上次增量载荷计算时，其应力值同已经释放相关方向自由度的最严重失效元件一样，达到屈服极限 σ_s，因此，在这里以该元件作为最严重失效元件，计算增量载荷时，该级增量载荷应为零。运用第二种处理方法的最后计算结果与第一种方法一样，只是失效路径的表示方法不一样。假设在搜索结构系统某一失效路径过程中，求其中某一级增量载荷时，同时出现两个最严重失效元件 i 和 j，该失效路径中共有 n 个失效元件，这两种处理方法的最后表示结果如图2-10所示。

2.4.3.4 立体车库钢结构系统可靠性失效模式的分析

在可靠性分析中，最为重要的可靠性分析程序模块是有限

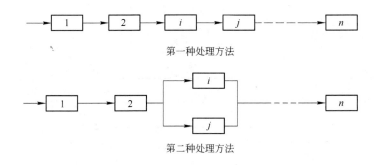

第一种处理方法

第二种处理方法

图2-10 两种处理方法的失效路径

元分析程序。在可靠性分析中计算结构系统的可靠度时，首先要确定系统的主要失效模式，即寻找结构模型相关的主要失效路径同时记录失效单元的内应力。而在此分析过程当中，根据系统内单元的失效顺序和情况，需对结构模型许多相关数据（如单元截面几何尺寸、失效单元相关自由度的释放等）做大量、反复的变动。所以，在对结构系统进行可靠性分析时，首先必须要有一功能完善的有限元程序作为基础，以此来实现动态失效路径寻找。很难对目前现有的商业有限元软件实现反复控制与调用，因此本书参考 SAFEP（STRUCTURE ANALYSIS FINITE ELEMENT PROGRAM）程序的编制原理，按照可靠性分析的要求，在 Visual Basic 6.0 环境下开发了有限元程序分析模块。其编程原理如图2-11所示。该模块包含一个平面和空间刚架结构的静力分析有限元程序，通过单元入口子程序 ELE-MENT 与主控程序相连接，程序中的单元均采用各向同性的线弹性材料。

在实际工程结构中，有的单元与相邻单元之间的连接并不全是刚性连接，如图 2-12 中节点 2 所示。进行结构系统可靠性分析时，当某一梁单元刚节点因失效（即节点应力或位移值达到规定极限值）而蜕变为铰节点时，根据需要，有必要对单元节点的自

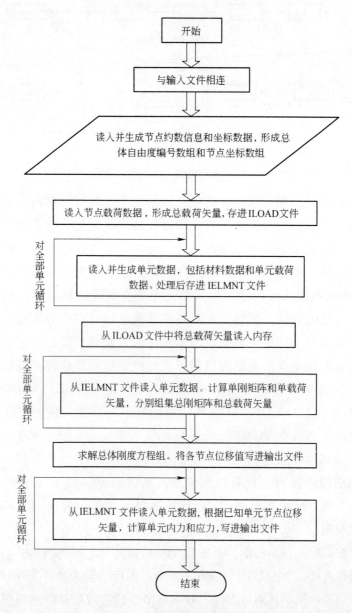

图 2-11 有限元模块程序流程图

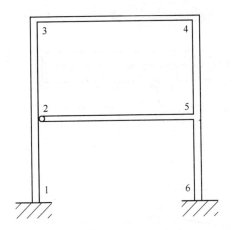

图 2-12 单元间连接示意图

由度进行修正。对于这些情况的梁单元，可以看成是原来两端刚性连接的单元根据实际情况将有关方向自由度的约束进行释放。为此，需对原单元刚度方程进行修正。如果单元中有多个约束自由度要释放，只要依次对有关自由度用上述方法进行相应的修正即可。

运用随机可靠性理论，采用优化准则法与增量载荷法，以 Visual Basic 6.0 计算机编程语言，采用有限元程序模块，编制了可靠性失效模式可靠性分析程序，该程序编程原理如图 2-13 所示。在程序运行过程中，给定约界参数 CAP（control ambit parameter），采用递归调用函数来生成结构系统的失效树。失效准则的选取在第 4 章将详细介绍。由此给出以下结论。

A 约界参数 CAP 对钢结构系统失效模式的影响

对比一：如表 2-4 所示，当立体车库钢结构系统在工况一的情况下，CAP 取 0.98 时，三层立体车库钢结构、四层立体

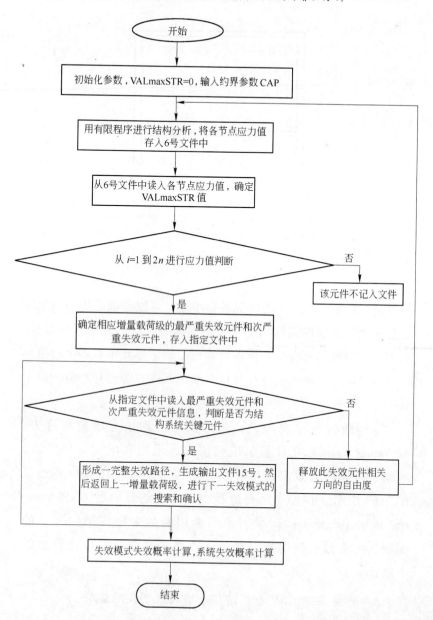

图 2-13　可靠性分析流程图

车库钢结构、五层立体车库钢结构的失效模式的失效路径只有一条而且均相同。由此可以得出：CAP 取值较大时，在不同的层数，立体车库钢结构系统的失效模式分析结果都相同。而且最可能失效的单元都在底层（立体车库钢结构有限元模型见图 2-14），这是符合力学理论的（底层的单元所受内应力可能较大，失效的可能性也较大）。计算结果与实际是吻合的。因此验证了随机可靠性理论应用于大型复杂钢结构系统方法的正确性。

表 2-4 立体车库在工况一时失效模式分析结果

工 况	CAP	层 数	失 效 路 径
一	0.98	三	75→54→53→71
一	0.98	四	75→54→53→71
一	0.98	五	75→54→53→71

对比二：如表 2-5 所示，在工况一的情况下，对于三层立体车库钢结构系统，CAP 取值为 0.98 时的失效模式数要比 CAP 取值为 0.95 时少。当 CAP 取值为 0.98 时，结构系统的失效拓扑模式只有 1 条，即单元 75 先破坏，此时将该单元节点的自由度释放代码释放为 1，又会引起单元 54 失效，以此类推，一直形成表 2-5 所示的失效模式。当 CAP 取值降低为 0.95 时，结构系统的失效拓扑模式共有 6 条，失效单元基本涵盖了 CAP 为 0.98 失效模式上的所有失效单元，即单元 75、54、53、71。经分析，单元 67、48、47、79、52、30、41、20 也是该结构系统重要的承载单元。因此，CAP 取 0.98 时，漏掉了可能引起结构系统失效的单元。CAP 取为 0.85 时，失效模式数变为 19 条，一般主要失效模式数以不超过 10 条为宜，因而有几条是伪失效模式。

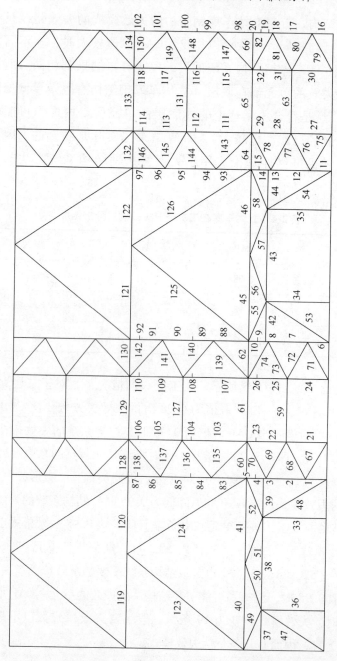

图 2-14　立体车库钢结构有限元模型

表2-5 三层立体车库在工况一时失效模式分析结果

工 况	CAP	层 数	失 效 路 径
一	0.98	三	75→54→53→71
一	0.95	三	67→48→47→79
			67→52→79→75
			75→71→53→54
			75→71→54→39
			67→52→79→71
			79→30→41→20

对比三：表2-5是在工况一情况下，三层立体车库钢结构失效模式分析结果；表2-6是在工况一情况下，五层立体车库钢结构失效模式分析结果。在表2-5中，CAP取值为0.95时，把CAP取值为0.98的失效模式中的失效单元基本包含在内。表2-6中列出了CAP分别取0.98和0.95时的失效模式。通过分析可以看出，CAP为0.98时遗漏了许多失效单元，故此时CAP应取为0.95。

表2-6 五层立体车库在工况一时失效模式分析结果

工 况	CAP	层 数	失 效 路 径
一	0.95	五	67→48→47→71
			67→48→47→79
			67→52→71→53
			67→52→71→79
			67→52→79→75
			75→53→39→41
			75→54→41→20
			75→54→20→49
一	0.98	五	79→49→40→18
			79→49→40→37
			79→49→40→82

同样在工况二情况下，当对五层的立体车库钢结构 CAP = 0.95 的情况下进行分析时，失效模式个数多达一百多条，由于篇幅有限，这里不再列举，这样出现了许多伪失效模式。同样情况下，当 CAP 改为 0.98 时，失效模式个数缩减为 20 条，分析结果如表 2-7 所示。

表 2-7　五层立体车库在工况二时失效模式分析结果

工　况	CAP	层　数	失　效　路　径
二	0.98	五	21→52→4→59→39→67
			24→67→41→383→385→323
			24→67→41→383→385→325
			24→67→41→384→323→325
			24→67→41→385→325→389
			24→67→41→386→255→327
			24→67→41→386→327→387
			24→67→41→386→327→388
			24→67→41→386→329→257
			24→67→41→386→387→257
			24→67→41→386→389→257
			27→257→259→187→71→98
			27→257→259→187→71→261
			27→257→259→187→261→189
			27→257→259→188→98→189
			27→257→259→188→98→190
			27→257→259→188→190→123
			27→257→261→123→194→121
			30→121→10→8→88→191
			30→121→34→53→191→119

结论：通过分析可以得出，CAP 的取值大小可以控制失效模式的拓扑复杂程度。目前国内外还没有对约界参数 CAP 的概念作

出严格而明确的定义。但通过本算例分析，可以对 CAP 有更深的理解。CAP 可以控制失效单元的选择范围，对于不同的研究对象，所应取的值也不一样。CAP 的取值应适当，太大或太小都会影响分析结果。如果 CAP 选取的太大，会遗漏掉部分主要失效模式，如表 2-4 所示；如果 CAP 选取的太小，则会出现失效模式个数太多，形成失效树分支爆炸现象，分析程序会进入死循环。因此，对于立体车库钢结构系统，约界参数 CAP 取 0.92 ~ 0.98 为宜。而在本算例中，最好取 0.95。

表 2-8 是在工况三情况下，五层立体车库钢结构失效模式分析结果。该结果进一步证实以上结论的正确性。当 CAP 取值为 0.98 时，失效模式个数共有 3 条，当 CAP 取值为 0.95 时，失效模式的个数为 9 条。CAP 取值为 0.95 为宜。

表 2-8   五层立体车库在工况三时失效模式分析结果

工 况	CAP	层 数	失 效 路 径
三	0.98	五	71→53→54→67→75→79
			71→53→54→75→79→47
			71→53→54→75→79→48
三	0.95	五	67→48→47→71→53→54
			67→48→47→71→79→54
			67→48→47→71→79→75
			67→48→47→71→54→75
			67→48→47→71→75→89
			67→48→47→79→89→151
			67→52→151→86→90→120
			71→120→192→86
			71→120→192→89

B   失效路径长度对钢结构系统失效模式的影响

分析一：对于六层立体车库钢结构，在工况一的情况下，当约界参数 CAP 取值为 0.95 时，在失效单元未达到关键单元时，失效路径的长度（失效路径长度的概念在第 4 章中具体探讨）可取到 8。而同样情况下，三层立体车库只可取到 4，因为六层的钢结构比三层更复杂。对于一条失效路径而言，当失效路径的长度较小时（如取 6），立体车库钢结构为三层时已蜕变为机构即系统失效，而立体车库钢结构为六层时并未失效，当失效路径的长度更长一些时（如取 8），系统才会失效。

分析二：对三层立体车库钢结构，同样在工况一的情况下，当约界参数 CAP 取值为 0.95 时，失效路径的长度可取到 4；当约界参数 CAP 取值为 0.92 时，失效路径的长度为 4 时，会出现单元刚度矩阵元素主对角元素为零的现象，而失效路径的长度取 3 时，情况正常。若约界参数 CAP 取值为 0.88，失效路径的长度依然取 3 时，经过释放约束后进行有限元计算，又出现单刚矩阵主对角元素为零现象，将失效路径长度改小时，则情况正常。这表明由于约界参数 CAP 取小值，失效模式的数目会增加，因而失效单元会增多，释放约束的单元也会增加，系统蜕变为机构的可能性会增大，算例均证明了这一点。

结论：失效路径长度对可靠性分析结果的影响与结构的复杂程度和约界参数 CAP 的取值有关。原则上，在保证其他参数的前提下，在结构整体承载能力未出现下降的情况下，失效路径长度取得越大越好。否则要选择不同的相近的失效路径长度，经过大量计算对比确定，以避免偏颇。

2.4.3.5 立体车库钢结构系统安全余量方程的确定

A 立体车库钢结构失效路径的概率计算

对于每条失效路径的安全余量方程，各参数可以看成相互独立的正态随机变量。对于 k 条失效路径所对应的 k 个安全余量方程如下：

$$\begin{cases} M_1 = b_{11}R_1 + b_{12}R_2 + \cdots + b_{1m}R_m - S_1 \\ M_2 = b_{21}R_1 + b_{22}R_2 + \cdots + b_{2m}R_m - S_2 \\ \vdots \qquad\qquad \vdots \qquad\qquad \vdots \\ M_k = b_{k1}R_1 + b_{k2}R_2 + \cdots + b_{km}R_m - S_k \end{cases} \tag{2-82}$$

当工况一时有：

$$S_i = \frac{a_{im}F_x + a_{im}F_d}{E(a_{im}F_x + a_{im}F_d)} \tag{2-83}$$

当工况二时有：

$$S_i = \frac{a_{im}F_y + a_{im}F_d}{E(a_{im}F_y + a_{im}F_d)} \tag{2-84}$$

当工况三时有：

$$S_i = \frac{a_{im}F_{zx} + a_{im}F_{zy} + a_{im}F_d}{E(a_{im}F_{zx} + a_{im}F_{zy} + a_{im}F_d)} \tag{2-85}$$

式中　F_x——工况一时 x 轴负方向所受的风载；

　　　F_y——工况二时 y 轴负方向所受的风载；

　　　F_{zx}——工况三时，风载在 x 轴负方向上的投影；

　　　F_{zy}——工况三时，风载在 y 轴负方向上的投影；

　　　F_d——地震载荷；

　　　a_{im}——第 i 条失效路径中的最后一个失效单元所受内应力，
　　　　　即第 m 单元所受的内应力；

　　$E(\ )$——括号中内容的数学期望。

对于第 i 条失效路径来说，其可靠度可表示为：

$$\beta_i = \frac{b_{i1}E(R_1) + b_{i2}E(R_2) + \cdots + b_{im}E(R_m) - E(L)}{\sqrt{b_{i1}^2 D(R_1) + b_{i2}^2 D(R_2) + \cdots + b_{im}^2 D(R_m) + D(L)^2}}$$

$$\tag{2-86}$$

式中 $E(\ ),D(\ )$——分别表示括号里面内容的数学期望或方差。

则该条失效路径相对应的失效概率为：

$$P_i = 1 - \Phi(\beta_i) \qquad (2\text{-}87)$$

第 i 条失效路径和第 j 条失效路径的相关系数 $\rho(i,j)$ 为：

$$\rho(i,j) = \frac{\sum\limits_{k=1}^{m} b_{ik}b_{jk}}{\sqrt{\sum\limits_{k=1}^{m} b_{ik}^2 \sum\limits_{k=1}^{m} b_{jk}^2}} = \cos\theta \qquad (2\text{-}88)$$

B 基于未确知理论的立体车库钢结构风载荷与地震载荷的数学期望和方差的模拟

立体车库钢结构所受风载荷与地震载荷的数学期望与方差需要通过大量的实验获得。对于实际情况，由于实验条件有限，很难获得海量的实际载荷数据。为此，本书引入未确知理论进行载荷的数学期望与方差模拟（具体计算原理及过程请参阅第 5 章）。

基于未确知理论的立体车库所受地震载荷与风载荷各层（共 6 层）期望与方差见表 2-9 和表 2-10。

表 2-9　模拟地震载荷数学期望与方差的结果　　　　（N）

车库层数	地震载荷的数学期望	地震载荷的方差
1	861. 657029475372	53301. 1844038613
2	1305. 54095375057	80759. 3703088814
3	1749. 42487802576	108217. 556213899
4	2193. 30880230094	135675. 742118921
5	2637. 19272657614	163133. 928023939
6	2789. 04975999781	172527. 642070885

表 2-10 模拟风载荷数学期望与方差的结果 （N）

工况 层数	一 x 方向		二 y 方向		三 x 方向		三 y 方向	
	期望	方差	期望	方差	期望	方差	期望	方差
1	6840	3202	7041	3296	4837	2264	4979	2330
2	10365	5996	10670	4994	7329	3431	7545	2331
3	13889	9589	14297	6692	9821	4997	1010	4732
4	17413	13349	17925	8390	12313	5763	12675	5933
5	20937	17168	21553	10088	14805	6930	15240	7134
6	24461	21013	25180	11786	17297	8096	17805	8334

C 立体车库钢结构系统的可靠性分析与计算

对于六层立体车库的钢结构系统，当 CAP = 0.98 时，工况一时结构的可靠性分析结果见表 2-11，工况二时结构的可靠性分析计算结果见表 2-12；工况三时结构的可靠性分析计算结果见表 2-13。

表 2-11 六层立体车库工况一时结构的可靠性分析计算结果

失效模式序号	失 效 路 径	模式失效概率
1	75→54→53→71→67→79	3.30336214532378E-05
2	75→54→53→71→79→47	3.30336214532378E-05
3	75→54→53→71→79→48	3.30336214532378E-05
4	75→58→47→48→44→46	3.30336301702649E-05
5	75→58→47→48→46→10	3.30336301702649E-05
6	75→58→47→10→55→45	3.30336301694878E-05
7	75→58→48→45→74→25	3.30336301614942E-05
8	75→58→48→25→22→3	3.30336301614942E-05

$P_H = 2.642620428851\text{E-}04$；$P_L = 2.64236477755001\text{E-}04$

表 2-12 六层立体车库工况二时结构的可靠性分析计算结果

失效模式序号	失 效 路 径	模式失效概率
1	21→52→4→59→39→67→61→127	3.29970054269157E-05
2	24→41→451→453→391→455→393→457	3.29970028674076E-05
3	24→41→451→453→391→455→393→323	3.29970028674076E-05
4	24→41→451→453→391→455→395→324	3.29970028674076E-05
5	24→41→451→453→393→323→457→325	3.29970028674076E-05
6	24→41→451→453→393→323→457→397	3.29970028674076E-05
7	24→41→451→453→393→324→255→397	3.29970028674076E-05
8	24→41→451→453→393→324→397→326	3.29970028674076E-05
9	24→41→451→453→393→324→397→325	3.29970028674076E-05
10	24→41→452→325→329→257→261→189	3.29970028656312E-05
11	24→41→452→325→329→257→261→190	3.29970028656312E-05
12	24→41→452→325→329→258→189→71	3.29970028656312E-05
13	24→41→452→326→71→34→53→98	3.29970028656312E-05
14	24→41→453→98→123→327→259→187	3.29970028674076E-05
15	24→41→454→187→193→191→119→122	3.29970028656312E-05
16	27→122→10→8→88→126→62→125	3.29970058442486E-05
17	30→125→93→115→111→147→143→75	3.29970053936091E-05
18	30→125→5→35→54→79→36→47	3.2997005403046E-05

$$P_H = 5.93927510111516E-04 ; \quad P_L = 5.9376865784028E-04$$

表 2-13 六层立体车库工况三时结构的可靠性分析计算结果

失效模式序号	失 效 路 径	模式失效概率
1	71→53→54→75→67→79→47→48	3.24140544710749E-05
2	71→53→54→75→67→79→48→89	3.24140544710749E-05
3	71→53→54→75→79→89→151→86	3.24140578090065E-05
4	71→55→86（9）→90→120→192→86（10）	3.24948531119640E-05

$$P_H = 1.2973477229142E-04 ; \quad P_L = 1.29730292097081E-04$$

注: 第四条失效路径共 7 个单元失效，86 单元的 9 节点先达到最大应力值，释放约束后，10 节点又达到最大应力值。

分析一：对于六层车库来说，当 CAP 取值为 0.98 时，工况一和工况二的失效概率均大于工况三的失效概率。从力学的角度分析，因为在工况三时，结构系统所受力的方向比工况一、二的受力方向倾斜一个角度，故结构单元所受内应力较小，失效的可能性也越小。本结果进一步验证本方法的正确性。

分析二：在表 2-11 中，失效路径的长度设定为 6，当设定为 8 时，结构系统会蜕变为机构（有限元分析时出现单刚矩阵对角元素为零的现象）。当失效路径的长度为 7 时，结果如表 2-14 所示。从表 2-11 和表 2-14 的对比可以看出，当失效路径的长度较大时，失效模式数会减少，结构系统的失效概率相应地也会减小。因此，失效路径长度的选取对系统失效概率的计算结果有影响。原则上，在结构整体承载能力未出现下降的情况下，失效路径的长度取得越大越好。

表 2-14　六层立体车库工况一时失效路径为 7 的情况下
结构可靠性分析计算结果

失效模式序号	失　效　路　径	模式失效概率
1	75→54→53→71→67→79→47	3.30127635287392E-05
2	75→54→53→71→67→79→48	3.30127635287392E-05
3	75→54→53→71→79→47→48	3.30127635287392E-05
4	75→54→53→71→79→48→461	3.30127635287392E-05
5	75→54→53→71→79→48→465	3.30127635287392E-05
6	75→58→44→46→10→55→45	3.30127722424356E-05

$P_H = 1.98071947481689\text{E-}04$；$P_L = 1.98059180872502\text{E-}04$

分析三：对于同样的六层立体车库，在工况一的情况下，约界参数 CAP 取值为 0.95 时，结构系统可靠性分析结构如表 2-15 所示。对比表 2-11 和表 2-15，CAP 取值越大，结构系统的失效概率会越小，结构系统的可靠度也越高。因此，在其他条件不变的情况下，分析结构可靠性时，根据精度的要求不同所选取的 CAP 值也会不同。

表 2-15 六层立体车库工况一时 CAP = 0.95 的情况下
结构可靠性分析计算结果

失效模式序号	失 效 路 径	模式失效概率
1	67→48→47→71→53→54	3.30336215397242E-05
2	67→48→47→71→79→54	3.30336215397242E-05
3	67→48→47→71→79→75	3.30336215397242E-05
4	67→48→47→79→54→75	3.30336215397242E-05
5	67→48→47→79→75→461	3.30336215397242E-05
6	67→48→47→79→75→465	3.30336215397242E-05
7	67→52→39→41→20→49	3.30336316675117E-05
8	75→49→40→18→20	3.30683017841782E-05
9	75→49→40→37→20	3.30683017841782E-05
10	75→49→40→82→20	3.30683017841782E-05
11	79→20	3.36673515766330E-05

$P_H = 3.64096957290421E-04$，$P_L = 3.640434448336295E-04$

CAP 取得太大，则会漏掉部分主要失效模式，这样，虽然失效概率的计算结果看起来较小，但并没有真正反映出系统实际失效概率情况。若 CAP 取得太小，就会出现很多伪失效模式，虽然失效概率的计算结果较大，但实际并非如此，影响了人们对实际结果的正确估计。所以 CAP 的取值非常重要，需要根据不同的研究对象进行大量的算例分析和验证。

分析四：工况一情况下，当立体车库为二层且 CAP 取值为 0.98 时的分析结果如表 2-16 所示。与表 2-15 进行分析对比，可以看出，其失效概率要比相同情况下六层立体车库钢结构的失效概率小。同时，失效模式个数也少，并且失效路径的长度也小。这种分析结果与实际情况也是相符的，因为六层立体车库钢结构系统的单元数要比二层立体车库钢结构系统的单元数多，同样可能失效的元件也相应增多，其失效概率自然也较大。因此，结构系统的复杂程度对系统结构的可靠性也有影响。

表 2-16　二层立体车库工况一时 CAP = 0.98 的情况下
结构可靠性分析计算结果

失效模式序号	失 效 路 径	模式失效概率
1	67→48→47→79	3.31320350906994E-05
2	75→79→71→53	3.31320638805588E-05
3	75→79→71→54	3.31320638814470E-05

$P_H = 9.93949939449388E-05$，$P_L = 9.93926561314143E-05$

第 3 章

基于能度理论的桥式起重机钢结构系统可靠性分析

3.1 起重机安全概况

起重机广泛应用于冶金、电力、物流、机械制造、建筑业等国民经济各行业中，是八大类特种设备之一。中国起重机械制造企业，截至 2005 年 9 月底统计有 1615 家，据 2003 年年底普查统计在用起重设备总量为 55.6 万台，而 2007 年年底已增至 95.79 万台，四年内增加了 72.3%。目前，起重机械朝着大型化、高速化方向发展，随着起重机数量的迅速增加，其机械承载结构的故障已经引起了人们普遍重视。《特种设备安全监察条例》于 2003 年 3 月由国务院正式颁布，2003 年 6 月 1 日实施。在《特种设备安全监察条例》中明确提出，"起重机械的制造、安装、改造、维修和检验检测必须经过行政许可，方能使用"，从而引入了依法监督管理的范畴。

起重机械的安全运行关系到保障人民生命和财产安全以及社会稳定，是国家公共安全的重要组成部分。2007 年 4 月 18 日发生在辽宁省铁岭市清河特殊钢有限公司的一起起重机事故造成 32 人死亡、6 人重伤，直接经济损失 866.2 万元。我国特种设备万台事故起数 2001 年为 1.21，2002 年为 1.17，2003 年为 0.97，2004 年为 0.94，2005 年为 0.92，2006 年为 0.83，2007 年为 0.81，政府提出在"十一五"期间"将特种设备事故率控制在 0.5 起/万台以下"的目标，任务严峻，2007 年度我国起重机械事故 84 起，占特种设备事故总数的 33%。据不完全统计，近年来全球起重机意外事故（公开报道的）呈快速上升趋势，死亡人数也逐年增加，美国每年约有 50 人丧生于起重机事故中，统计数据见图 3-1。

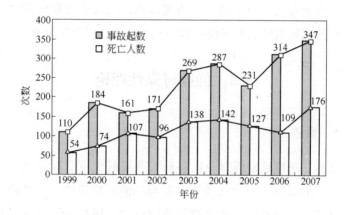

图 3-1　起重机事故及死亡人数统计表

因此，寻求快速、可靠的无损检测技术，以检测、监测起重机械金属结构中存在的危险源，是我国起重机安全检验人员的迫切需要，也是我国对起重机械进行更科学的安全监察和降低事故的需要。

随着现代社会经济的高速发展，起重机的使用越来越广泛，尤其是随着国家基础设施建设的投入越来越大，对起重机的要求也越来越高，起重量趋向重载化，自重趋向轻型化，空间趋向大型化，时间趋向高速化，作业趋向频繁化，工作越来越繁重，起重机械结构日益向大型化、复杂化、高参数、长周期运行发展，人们对工程和装备的经济性和安全性要求愈来愈高。在国家每年的机械设备事故中，起重机械的事故均排在前几位，轻者人员受伤，重者机毁人亡，对我国的经济发展产生不良影响。

由于起重机安全受设计、制造、安装、使用时间、使用环境等不同因素的影响，因此，急需研究提出一种科学有效的评估起重机结构系统的失效准则、可靠性分析方法，从而准确、直观地反映出设备的安全状况，提升安全监管的效率和效果。本书以国家"十一五"科技支撑计划课题"大型机电类特种设备安全保障关键技术研究及工程示范"为研究背景，以能度可靠性为理论基础，对桥式起重机关键部件即钢结构系统进行可靠性分析。

3.2　能度可靠性理论

3.2.1　概述

虽然，随机可靠性理论在各种工业系统的可靠性评估方面获得了巨大的成功，但随机性并不是唯一的不确定性。不确定性的模拟既可以是随机的，也可以是非随机的。随机可靠性模型对已知数据的要求较高，必须首先确定随机变量的概率分布。近年来的有关研究表明，概率可靠性对模型参数很敏感。概率模型参数的小偏差可导致计算结果出现很大误差。说明在没有足够的数据信息描述概率模型时，在主观的分布假设下，随机可靠性计算的结果是不可靠的。实际上，在很多情况下，很难得到不确定参量的精确概率数据。工程中，概率分布的细节验证通常极为困难。因此，研究不同的可靠性方法，不但可使可靠性理论进一步完善，使不确定性的模拟更为合理，而且也是非常必要的。

目前，除了随机可靠性外，还有模糊可靠性、基于可能性理论和模糊区间分析的能度可靠性以及基于凸集的非概率可靠性。模糊理论已成为工程中处理不确定性的重要工具。模糊结构和一般系统的可靠性评估是学术界备受关注的热点问题之一。许多学者在此领域作了大量的研究和探讨。对一般系统，Cai 等基于可能性假设和双状态假设，提出了能双可靠性的基本概念和理论体系。Utkin 等根据能双可靠性理论，提出了一般系统的能双可靠性方法。Cheng 等基于概率假设和模糊状态假设，利用置信区间分析，提出了一般模糊系统的可靠性分析方法。在结构和机械工程领域，1994年，Furuta 对模糊逻辑及其在结构可靠性评估中的作用做过较为详细的介绍和评述。1997 年，Cremona 等基于可能性理论提出了一种类似于传统的概率可靠性模型的结构模糊可靠性度量体系及分析方法。Sawyer 等将模糊集合论用于描述模糊机械和结构系统，根据模糊数落入模糊界限内的程度度量，提出了基于强度的结构模糊安全性度量指标，可用于处理离散数据信息。我国学者在模糊理论方面也做过大量研究工作，取得了大量有益的成果。

Ben-Haim 和 Elishakoff 等提出不确定性的凸集模型来描述不确定性，并提出非概率可靠性的概念之后，我国学者郭书祥用非概率的凸集模型模拟结构的不确定性，将结构的不确定参数描述为区间变量。吕震宙等提出了用区间参数表示线性系统的非概率可靠度指标。

本书基于可能性理论和模糊区间分析，针对模糊结构和机械系统，采用包含以上三种形式、可处理各种模糊信息的统一的模糊结构体系的能度可靠性分析方法，以桥式起重机钢结构系统为研究对象，找到适合科学评价的起重机钢结构系统可靠性方法及各参数的取值范围。

3.2.2 数学模型

3.2.2.1 非概率可靠性的度量

设 $y = \{y_1, y_2, \cdots, y_n\}$ 表示与结构有关的基本区间变量的集

合。其中，$y_i \in Y_i^I (i = 1, 2, \cdots, n)$。同随机可靠性问题一样，取

$$M = g(y) = g(y_1, y_2, \cdots, y_n) \tag{3-1}$$

为由结构的失效准则确定的功能函数（或极限状态函数），当 $g(\cdot)$ 为区间变量 $y = \{y_1, y_2, \cdots, y_n\}$ 的连续函数时，M 也为一区间变量。设其均值和离差分别为 M^c 和 M^r，并令

$$\eta = M^c / M^r \tag{3-2}$$

按照一般的结构可靠性理论，超曲面 $g(y) = 0$ 称为失效面。它将结构的基本参量空间分为失效域 $\Omega_f = \{y: g(y) < 0\}$ 和安全域 $\Omega_s = \{y: g(y) > 0\}$ 两部分。根据式（3-2），只要 $\eta > 1$，则对 $\forall y_i \in Y_i^I (i = 1, 2, \cdots, n)$，均有 $g(y) > 0$。此时，结构安全可靠。

当 $\eta < -1$ 时，则对 $\forall y_i \in Y_i^I (i = 1, 2, \cdots, n)$，均有 $g(y) < 0$，此时，结构必然失效。

而当 $-1 \leqslant \eta \leqslant 1$ 时，则对 $\forall y_i \in Y_i^I (i = 1, 2, \cdots, n)$，$g(y) > 0$ 和 $g(y) < 0$ 均有可能，即结构可能安全，也可能不安全。由于区间变量属于确定性区间，在区间内取任何值的可能性均存在。从严格意义上讲，此时不能认为结构是可靠的。因此，当结构的所有不确定参数均为区间变量时，可认为结构只有两种确定性状态：可靠或不可靠。由式（3-2）可知，无量纲量 η 的值越大，结构的安全程度越高。因而可用 η 作为结构安全可靠程度的度量。以下对不同形式的功能函数分别说明。

（1）双区间变量的功能方程。取功能方程：

$$M = r - s = 0 \tag{3-3}$$

式中，$r \in R^I$，$s \in S^I$，分别表示强度和应力区间变量。作如下标准化变换：

$$r = R^c + R^r \delta_r, \quad s = S^c + S^r \delta_s \tag{3-4}$$

式中，R^c、R^r 和 S^c、S^r 分别为 r 和 s 的均值、离差；δ_r 和 δ_s 为标

准化区间变量。代入功能方程式（3-3）可得：

$$M = R^r \delta_r - S^r \delta_s + (R^c - S^c) = 0 \qquad (3\text{-}5)$$

显然有：

$$M^c = R^c - S^c, \quad M^r = R^r + S^r \qquad (3\text{-}6)$$

从而，其非概率可靠性指标可定义为：

$$\eta = \begin{cases} \dfrac{R^c - S^c}{R^r + S^r} & R^c \geqslant S^c \\[3mm] 0 & R^c < S^c \end{cases} \qquad (3\text{-}7)$$

由于 $\eta < 0$ 时无实际意义，这里将 η 的最小值定义为零。

（2）功能函数为多区间变量的线性函数。考虑功能方程：

$$M = \sum_{i=1}^{m} a_i r_i - \sum_{j=1}^{n} b_j s_j = 0 \qquad (3\text{-}8)$$

式中，$r_i \in R_i^I$、$s_j \in S_j^I (i = 1, 2, \cdots, m; j = 1, 2, \cdots, n)$ 为不相关区间变量；a_i、b_j 为常数。类似于式（3-4），做如下标准变换：

$$\left. \begin{aligned} r_i &= R_i^c + R_i^r \delta_{ri} & (i = 1, 2, \cdots, m) \\ s_j &= S_j^c + S_j^r \delta_{sj} & (j = 1, 2, \cdots, n) \end{aligned} \right\} \qquad (3\text{-}9)$$

则功能方程式（3-8）可标准化为：

$$M = \sum_{i=1}^{m} a_i R_i^r \delta_{ri} - \sum_{j=1}^{n} b_j S_i^r \delta_{si} +$$

$$\left(\sum_{i=1}^{m} a_i R_i^c - \sum_{j=1}^{n} b_j S_j^c \right) = 0 \qquad (3\text{-}10)$$

显然，功能函数在标准化区间变量组成的新空间保持线性特性。其可靠性指标可定义为：

$$\eta = \begin{cases} \dfrac{\sum\limits_{i=1}^{m} a_i R_i^c - \sum\limits_{j=1}^{n} b_j S_j^c}{\sum\limits_{i=1}^{m} |a_i| R_i^r - \sum\limits_{j=1}^{n} |b_j| S_j^r} & \sum\limits_{i=1}^{m} a_i R_i^c \geqslant \sum\limits_{j=1}^{n} b_j S_j^c \\[4mm] 0 & \sum\limits_{i=1}^{m} a_i R_i^c < \sum\limits_{j=1}^{n} b_j S_j^c \end{cases} \qquad (3\text{-}11)$$

（3）定义：对任意连续的功能函数 $M = g(y_1, y_2, \cdots, y_n)$，基于区间模型的结构非概率可靠性指标定义为：

$$\eta = \min(\| \delta \|_\infty) \qquad (3\text{-}12)$$

满足条件：

$$\begin{aligned} M &= g(y_1, y_2, \cdots, y_n) \\ &= G(\delta_1, \delta_2, \cdots, \delta_n) = 0 \end{aligned} \qquad (3\text{-}13)$$

式中，$\delta = \{\delta_1, \delta_2, \cdots, \delta_n\}$ 为与 $y = \{y_1, y_2, \cdots, y_n\}$ 对应的标准化区间变量向量。

由式（3-12）和式（3-13）可知，这里是将标准化区间变量的扩展空间中，从坐标原点到失效面的最短距离（按无穷范数 $\| \cdot \|_\infty$ 度量）作为结构的非概率可靠性指标。若 $\eta > 1$，则结构性能的实际波动范围与失效域不交，结构可靠。而且 η 的值越大，结构性能的实际波动范围距离失效域越远，结构对不确定参量的稳健性越好，其安全程度越高。

实际工程结构通常为超静定结构。结构体系的破坏性需要若干元件依次达到临界或失效状态。体系的可靠性与结构的失效模式有关。

3.2.2.2 非概率结构主要失效模式的枚举

（1）增量载荷法（略），第 2 章中已经讨论过。

（2）临界元的选择：优化准则法。

在第一级增量区间载荷下，先计算出双准则下元件的临界载荷 S_{ilcr}^c 和 S_{ilcr}^r：

$$S_{ilcr}^c = R_i^c / a_{il}^c, \quad S_{ilcr}^l = (R_i^c - R_i^r)/(a_{il}^c + a_{il}^r) \qquad (3\text{-}14)$$

式中，R_i^c、R_i^r 和 a_{il}^c、a_{il}^r 分别为元件强度 R_i 和载荷利用率 a_{il} 的均值、离差。当不考虑其变异性时，离差为零，两式相同。

对 n 个元件，取：

$$S_{lcr}^c = \min_{1 \leqslant i \leqslant n}(S_{ilcr}^c), \quad S_{lcr}^l = \min_{1 \leqslant i \leqslant n}(S_{ilcr}^l) \qquad (3\text{-}15)$$

$$S_{il} = \max\left\{\frac{S_{lcr}^c}{S_{ilcr}^c}, \frac{S_{lcr}^l}{S_{ilcr}^l}\right\} \qquad (3\text{-}16)$$

且假设 m 元的 S_{mlcr}^c 和 n 元的 S_{nlcr}^l 分别为两个序列的最小值，即：

$$S_{mlcr}^c = S_{lcr}^c, \quad S_{nlcr}^l = S_{lcr}^l \qquad (3\text{-}17)$$

则可取：

$$C_1 = \min\left\{\frac{S_{lcr}^c}{S_{mlcr}^c}, \frac{S_{lcr}^l}{S_{nlcr}^l}\right\} \qquad (3\text{-}18)$$

为进入次严重元的下限，下述范围内的元件均应选为第 1 批临界元：

$$C_1 \leqslant S_{il} \leqslant 1 \qquad (3\text{-}19)$$

为简化计算过程，在第 j 级增量载荷作用下，第 $j(j \geqslant 2)$ 级临界元的选取准则如下：

$$S_{ijcr}^c = R_{ij}^c / a_{ij}^c \qquad (3\text{-}20)$$

其中：

$$R_{ij}^c = R_i^c - \sum_{k=1}^{j-1} a_{ik}^c S_k^c \qquad (3\text{-}21)$$

令：

$$S_{jcr}^c = \min_{1 \leqslant i \leqslant n}(S_{ijcr}^c) \qquad (3\text{-}22)$$

$$S_{ij} = \frac{S_{jcr}^c}{S_{ijcr}^c} \tag{3-23}$$

满足 $C_2 \leqslant S_{il} \leqslant 1$ 的元件应选为第 j 级临界元。C_1、C_2 为约界参数 CAP，该值的取值原则已在第 1 章中进行讨论。这里一般可取 $C_2 = 0.8 \sim 0.9$。

3.2.2.3　结构体系的非概率可靠性计算

增量载荷和元件强度满足如下关系：

$$\{S\} = [D]\{R\} \tag{3-24}$$

从而结构体系的强度 R 以及对应该失效模式的极限状态方程可分别表示为：

$$R_s = \sum_i S_i = \sum_i d_i R_i \tag{3-25}$$

$$M = \sum_i d_i R_i - P = 0 \tag{3-26}$$

式中　d_i——由载荷利用率所确定的系数；

　　　　P——结构所受外载荷。

当结构的材料特性、几何参数等为区间变量时，d_i 为区间变量，式（3-26）为非线性方程。当仅考虑外载荷和元件强度的不确定性时，d_i 为确定性量，式（3-26）为区间变量的线性方程。此时，由式（3-11）很容易确定其可靠性指标。由于任一失效模式的出现，均可导致结构体系的失效，因而，结构体系的非概率可靠性指标可定义为：

$$\eta_s = \min\{\eta_1, \eta_2, \cdots, \eta_m\} \tag{3-27}$$

式中　$\eta_i(i = 1, 2, \cdots, m)$——对应第 i 个失效模式的非概率可靠性指标。

在非概率条件下，结构体系的可靠性主要由非概率可靠性指标最小的失效模式（可称为最危险失效模式）决定。

3.2.3 结构的模糊能度可靠性模型

3.2.3.1 模糊变量和模糊度量

设 F 为论域 U 上的一个模糊数，X 为在论域 U 上取值的变量。令 F 是 X 取值的模糊限制 $R(X)$，$R(X) = F$，则命题"X 是 F"所定义的变量 X，也即取值受到模糊限制的变量 X，称为模糊变量。此命题所规定的可能性分布 $\Pi_X = R(X)$。模糊变量 X 的可能性分布函数 π_x 在数值上等于 F 的隶属函数，即：

$$\pi_X \triangleq \mu_F \qquad (3-28)$$

由可能性理论，若 A 为论域 U 上的模糊集合，Π_X 为在 U 上取值的变量 X 的可能性分布，则 A 的可能性测度 $\pi(A)$ 可定义为：

$$Poss\{X \ is \ A\} \triangleq \pi(A) \triangleq \sup_{u \in U}\{\mu_A(u) \wedge \pi_X(u)\} \qquad (3-29)$$

式中　$\pi_X(u)$ —— Π_X 的可能性分布函数；

　　　　$\wedge$ ——表示取小运算。

从而，$X = u$ 及 $X \leq u$ 的可能度分别为：

$$Poss\{X = u\} = \pi_X(u) \qquad u \in U$$

$$Poss\{X \leq u\} = \sup\{\pi_X(x) \mid x \leq u, x \in U\} \qquad (3-30)$$

3.2.3.2 模糊能度可靠性的度量

设向量 $\tilde{X} = \{\tilde{X}_1, \tilde{X}_2, \cdots, \tilde{X}_n\}$ 表示与结构有关的模糊变量的集合。假设结构的所有不确定参量均为模糊变量，同传统的随机可靠性问题一样，取：

$$M = g(\tilde{X}) = g(\tilde{X} = \{\tilde{X}_1, \tilde{X}_2, \cdots, \tilde{X}_n\}) \qquad (3-31)$$

为由结构的失效准则确定的功能函数（或极限状态函数）。超曲面 $g(\tilde{X}) = 0$（或称失效面）将结构的基本参量空间分为失效域 $\Omega_f = \{x: g(x) < 0\}$ 和安全域 $\Omega_s = \{x: g(x) > 0\}$ 两部分。

将功能方程写成如下标准化形式：

$$M = g(\tilde{X}) = G(\alpha, \delta) = 0 \qquad (3\text{-}32)$$

对确定的截集水平 α，功能方程中的模糊变量可转化为界限确定的区间变量。因此，由基于区间分析的结构非概率可靠性理论，可将模糊可靠性指标定义为：

$$\eta_F = \eta(\alpha) = \min(P\delta P_\infty) \qquad (3\text{-}33)$$

满足条件：

$$
\begin{aligned}
M &= g(\tilde{X}) = G(\alpha, \delta) \\
&= G(\alpha, \delta_1, \delta_2, \cdots, \delta_n) = 0
\end{aligned}
\qquad (3\text{-}34)
$$

式中，$\delta = \{\delta_1, \delta_2, \cdots, \delta_n\}$ 为标准化区间变量向量。$P\delta P_\infty = \max\{|\delta_1|, |\delta_2|, \cdots, |\delta_n|\}$。

当 $M = g(\tilde{X})$ 为不相关模糊变量 $\tilde{X}_i(i = 1,2,\cdots,n)$ 的线性连续函数时，对任意截集水平 α，式（3-33）等价于：

$$\eta_F = M^c(\alpha)/M^r(\alpha) = \eta(\alpha) \qquad (3\text{-}35)$$

式中 $M^c(\alpha)$、$M^r(\alpha)$——分别为区间变量 $M(\alpha)$ 的均值和离差。

若功能方程可表示为如下线性形式：

$$M = \sum_{i=1}^{m} a_i \tilde{R}_i - \sum_{j=1}^{n} b_j \tilde{S}_j = 0 \qquad (3\text{-}36)$$

式中 $\tilde{R}_i$、$\tilde{S}_j(i = 1,2,\cdots,m; j = 1,2,\cdots,n)$——不相关的模糊变量；

a_i、b_j——任意常数。

则其模糊可靠性指标为：

$$\eta_F = \eta(\alpha)$$

$$= \begin{cases} \dfrac{\displaystyle\sum_{i=1}^{m} a_i R_i^c(\alpha) - \displaystyle\sum_{j=1}^{n} b_j S_j^c(\alpha)}{\displaystyle\sum_{i=1}^{m} |a_i| R_i^r(\alpha) + \displaystyle\sum_{j=1}^{n} |b_j| S_j^r(\alpha)} & \displaystyle\sum_{i=1}^{m} a_i R_i^c(\alpha) - \displaystyle\sum_{j=1}^{n} b_j S_j^c(\alpha) \geq 0 \\[4mm] 0 & \displaystyle\sum_{i=1}^{m} a_i R_i^c(\alpha) - \displaystyle\sum_{j=1}^{n} b_j S_j^c(\alpha) < 0 \end{cases}$$

$$(3\text{-}37)$$

从几何上讲,式(3-35)的 η_F 为标准化区间变量的扩展空间中,按无穷范数 $\| \cdot \|_\infty$ 度量的从坐标原点到模糊失效面的最短距离。由于结构失效域的边界是模糊的,因此,这里的 η_F 也是模糊变量,且为截集水平 α 的单调递增函数。同基于区间分析的非概率可靠性指标一样,当 $\eta_F > 1$ 时,结构参数的实际波动区域与失效域不交,结构可靠。否则,结构不可靠。因此,结构的模糊安全余度分布为:

$$\gamma_F = \eta_F - 1 = \eta(\alpha) - 1 \qquad (3\text{-}38)$$

结构失效的可能度和不失效的必然度分别为:

$$\pi_f = Poss(\eta_F \leq 1) = Poss(\eta(\alpha) \leq 1)$$

$$= \sup\{\alpha(\eta) \mid \eta \leq 1, \alpha \in [0,1], \eta \in R\} \qquad (3\text{-}39)$$

$$N_r = Ness(\eta_F > 1) = 1 - \pi_f$$

$$= \inf\{\alpha(\eta) \mid \eta > 1, \alpha \in [0,1], \eta \in R\} \qquad (3\text{-}40)$$

根据本书建立的能度可靠性模型,模糊结构的可靠性可用结构的模糊可靠性指标和结构失效的可能度(或不失效的必然度)来度量。这里的模糊可靠性指标和失效的可能度并不是一一对应的。模糊可靠性指标反映了结构可靠性的模糊分布和结构安全性的余度分布情况。而失效可能度反映了结构失效的最大可能性(不失效的必然度反映结构不失效的最小可能性)。

3.3 模糊结构体系的能度可靠性分析

3.3.1 模糊结构失效模式的枚举

在传统的随机可靠性方法中，用优化准则法选取可能的临界元，用增量载荷法确定主失效模式的极限状态方程，是一条较为成功和有效的分析途径。根据增量载荷法，对塑性元，各元件的强度 R_i 与各级增量载荷满足如式（3-24）所示关系。传统的增量载荷法中，不考虑结构的材料特性、几何尺寸等参量的不确定性时，元件 i 对载荷 S_j 的利用率 a_{ij} 为确定性量。对模糊结构，当材料、几何特性等参量为模糊变量时，元件对载荷的利用率 a_{ij} 为模糊变量，使结构元件依次失效的系列增量载荷 S_1、$S_2 \cdots$、S_n 也为模糊变量，且与 a_{ij} 及元件强度的不确定性有关。此时，需用类似的模糊增量载荷法求解。

根据随机可靠性方法中的优化准则法，对模糊变量的结构可靠性分析，提出采用如下模糊条件下的选取准则确定临界元。

取确定的截集水平 α_1，在第一级增量载荷下，先计算出双准则下元件的临界载荷 S_{ilcr}^c、S_{ilcr}^l：

$$S_{ilcr}^c = R_i^c(\alpha_1) / a_{il}^c(\alpha_1) \tag{3-41}$$

$$S_{ilcr}^l = [R_i^e(\alpha_1) - R_i^r(\alpha_1)] / [a_{il}^c(\alpha_1) + a_{il}^r(\alpha_1)] \tag{3-42}$$

对 n 个元件，取：

$$S_{lcr}^c = \min_{1 \leqslant i \leqslant n} (S_{ilcr}^c) \tag{3-43}$$

$$S_{lcr}^l = \min(S_{ilcr}^l) \tag{3-44}$$

$$S_{il} = \max\left\{ \frac{S_{lcr}^c}{S_{nlcr}^c}, \frac{S_{lcr}^l}{S_{mlcr}^l} \right\} \tag{3-45}$$

假设 m 元的 S_{mlcr}^c 和 n 元的 S_{nlcr}^l 分别为两个序列的最小值，令：

$$C_1 = \min\left\{\frac{S_{lcr}^c}{S_{nlcr}^c}, \frac{S_{lcr}^l}{S_{mlcr}^l}\right\} \tag{3-46}$$

则可取 C_1 为进入次严重元的下限。下述范围内的元件均应选为第 1 批临界元：

$$C_1 \leqslant S_{il} \leqslant 1 \tag{3-47}$$

一般，这里的第 1 级截集水平 α_1 可取为 $\alpha_1 = 0.1 \sim 0.2$。在模糊条件下，需枚举的主要失效模式的数目很大程度上取决于第 1 批临界元的个数。为简化计算过程，取确定的截集水平 α_2（一般可取 $\alpha_2 = 0.8 \sim 0.9$），并令：

$$R_i = R_i^c(\alpha_2) - R_i^r(\alpha_2) \tag{3-48}$$

$$a_{ij} = a_{ij}^c(\alpha_2) + a_{ij}^r(\alpha_2) \tag{3-49}$$

以 R_i 和 a_{ij} 分别作为元件强度和载荷利用率的名义值。在第 j 级增量载荷作用下，第 $j(j \geqslant 2)$ 级临界元的选取准则为：

$$S_{ijcr} = \left(R_i - \sum_{k=1}^{j-1} a_{ik}S_k\right)\bigg/a_{ij} \tag{3-50}$$

$$S_{jcr} = \min_i(S_{ijcr}) \tag{3-51}$$

$$S_{ij} = S_{jcr}/S_{ijcr} \tag{3-52}$$

满足 $C_2 \leqslant S_{ij} \leqslant 1$ 的元件应选为第 j 级临界元。约界参数 CAP 可取 $0.8 \sim 0.9$。

3.3.2　结构体系的模糊可靠性计算

类似于式（3-24），模糊增量载荷和元件强度满足如下关系：

$$\{S\} = \{D\}\{R\} \tag{3-53}$$

从而，结构体系的强度 R_s 及对应该失效模式的极限状态方程分别为：

$$R_S = \sum_i S_i = \sum_i d_i R_i \qquad (3-54)$$

$$M = \sum_i d_i R_i - P = 0 \qquad (3-55)$$

式中 d_i——由载荷利用率所确定的系数；

  P——结构所受外载荷。

由于任一失效模式的出现均可导致结构系统的失效，因而结构系统的模糊可靠性指标可定义为：

$$\eta_s(\alpha) = \min\{\eta_1(\alpha), \eta_2(\alpha), \cdots, \eta_m(\alpha)\} \qquad (3-56)$$

式中 $\eta_i(\alpha)(i = 1, 2, \cdots, m)$——对应第 i 个失效模式的模糊可

靠性指标，为模糊变量。

从而结构系统失效的可能度为：

$$\begin{aligned}
\pi_{fs} &= Poss(\eta_s(\alpha) \leqslant 1)\\
&= \sup\{\alpha(\eta_s) \mid \eta_s \leqslant 1,\\
&\quad \alpha \in [0,1], \eta_s \in R\}
\end{aligned} \qquad (3-57)$$

或

$$\pi_{fs} = \max\{\pi_{f1}, \cdots, \pi_{fm}\} \qquad (3-58)$$

其中：

$$\pi_{fi} = Poss(\eta_i(\alpha) \leqslant 1), \quad i = 1, 2, \cdots, m \qquad (3-59)$$

由式(3-56)~式(3-58)可知，在某确定的截集水平 α 下，结构系统的可靠性取决于模糊可靠性指标最小的失效模式（与 α 有关）。结构系统失效的可能度取决于失效可能度最大的最危险失效模式。

3.4 基于能度理论的桥式起重机结构可靠性分析

起重机械是现代工业生产不可缺少的设备，但随着起重机的满载率加大，工作繁忙程度加重，有些起重机大部分工作时间已在高应力水平下运行，起重机安全事故时有发生。随着使用时间

的延长，起重机必然存在安全隐患，由此可能引发严重的安全事故。因此这些还在服役的老旧起重机能否继续安全服役以及还能安全可靠服役多长时间，已成为国内外均十分关注的焦点。如果把还能继续安全使用的起重机强制报废，不仅会给企业造成巨大的经济损失，而且会给国家造成严重的资源浪费，但是让不能继续安全服役的起重机继续工作，就会给企业职工的人身安全带来严重的隐患，甚至造成机毁人亡的惨剧。为此，本书以"十一五"国家科技支撑计划课题为研究背景，以迫切需要可靠性安全评估方法为指导的特种设备之一的起重机结构为研究对象，进行桥式起重机钢结构能度可靠性分析。

3.4.1 桥式起重机的结构分析

对于桥式起重机来说，桥架是桥式起重机的主要承载结构，合理地确定载荷值，正确地进行结构分析与设计，是保证机器结构具有可靠的承载能力和良好的使用性能的重要条件。

3.4.1.1 桥式起重机桥架承受载荷

A 自重载荷

主梁的自重载荷 P_G 包括主梁、小车轨道、走台、栏杆和导电架等的重量，按均布载荷 F_q 考虑，主梁上的机电设备和司机室等重量按集中载荷 P_{Gj} 考虑。

B 移动载荷和小车轮压

由起升载荷 $P_Q = (m_Q + m_0)g$ 与小车重量 $P_{Gx} = m_x g$ 换算得到的小车轮压为移动集中载荷，通过轨道作用于主梁上。小车轮压按小车架中受力最大的 AB 梁分析。当小车轮距 b 不大时，常用轮压合力 $\Sigma P = P_{j1} + P_{j2}$ 来计算，轮压计算模型如图 3-2 所示。

满载小车静轮压为：

$$P_{j1} = 0.5P_Q\left(1 - \frac{l_1}{b}\right) + P_{Gx}\left(0.5 + \frac{e}{K}\right)\frac{l_2}{b} \tag{3-60}$$

$$P_{j2} = 0.5P_Q\frac{l_1}{b} + P_{Gx}\left(0.5 + \frac{e}{K}\right)\left(1 - \frac{l_2}{b}\right) \tag{3-61}$$

$$\Sigma P = P_{j1} + P_{j2} \tag{3-62}$$

式中　P_Q——起升载荷；

　　　P_{Gx}——小车重量；

　　　b——小车轮距；

　　　K——小车轨距；

　　　e——小车重心 F 点的位置。

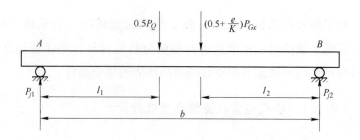

图 3-2　小车轮压的计算

C　惯性载荷

大小车都是 4 个车轮，其中主动轮各占一半，按车轮打滑条件确定大小车运行的惯性力。

大车启动、制动时，由小车质量、起重量与吊具质量对一根主梁产生的水平移动惯力为：

$$P_H = \frac{\Sigma P}{2 \times 7} \tag{3-63}$$

一根主梁的质量产生的水平均布惯性力为：

$$F_H = \frac{F_q}{2 \times 7} \qquad (3-64)$$

小车运行的惯性力（一根主梁上的）为：

$$P_{xg} = \frac{\sum P}{2 \times 7} \qquad (3-65)$$

D　偏斜侧向力

桥架偏斜运行的侧向力，作用于一侧端梁两端的相应车轮轮缘上，如图 3-3 所示。

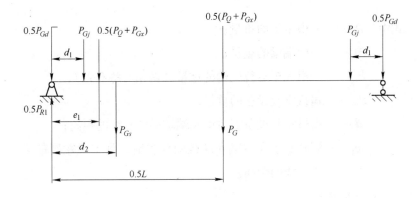

图 3-3　端梁总轮压计算

（1）满载小车在主梁跨中央时，左侧端梁总静轮压按图 3-2 计算：

$$P_{R1} = \frac{1}{2}(P_Q + P_{Gx}) + \frac{1}{2}(2P_G)$$

$$+ P_{Gs}\left(1 - \frac{d_2}{L}\right) + P_{Gj} + P_{Gd} \qquad (3-66)$$

由 $\dfrac{L}{B_0}$ 查得 λ，得到侧向力为：

$$P_{S1} = \frac{1}{2}P_{R1}\lambda \qquad (3-67)$$

（2）满载小车在主梁左端极限位置时，左侧端梁总静轮压为：

$$P_{R2} = (P_Q + P_{Gx})\left(1 - \frac{e_1}{L}\right) + \frac{1}{2}(2P_G)$$

$$+ P_{Gs}\left(1 - \frac{d_2}{L}\right) + P_{Gj} + P_{Gd} \tag{3-68}$$

由 $\dfrac{L}{B_0}$ 查得 λ，得到侧向力为：

$$P_{S2} = \frac{1}{2}P_{R2}\lambda \tag{3-69}$$

式中 P_G——一根主梁的重量；

$\quad\quad P_{Gd}$——一根端梁的重量；

$\quad\quad P_{Gj}$——一组大车运行机构的重量（两组对称布置）；

$\quad\quad P_{Gs}$——司机室及设备的重量；

$\quad\quad d_2$——司机室及设备到主梁左端端梁中心线的距离；

$\quad\quad e_1$——满载小车在主梁左端极限位置时，到主梁左端端梁中心线的距离。

E 扭转载荷

偏轨箱形梁因为截面的弯心不与形心重合，小车动轮压 ΣP 和小车水平惯性力 P_H 的偏心作用而产生移动扭矩，如图 3-4 所示。

$$\Sigma T_P = \Sigma P e_1 \tag{3-70}$$

$$T_H = P_H h'' \tag{3-71}$$

式中 e_1——弯心到主腹板中线的距离，$e_1 = \dfrac{\delta_2}{\delta_1 + \delta_2}\left(b - \dfrac{\delta_1}{2} - \dfrac{\delta_2}{2}\right)$；

$\quad\quad h''$——小车水平惯性力 P_H 到弯心的距离，$h'' = \dfrac{1}{2}H_1 + h_g$；

$\quad\quad \delta_1$——主腹板的厚度；

δ_2——副腹板的厚度；

H_1——主梁的总高度；

h_g——轨道的高度。

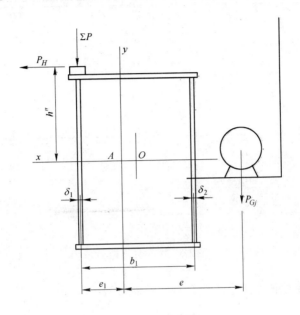

图 3-4　扭转载荷计算

3.4.1.2　主梁计算

A　主梁载荷计算

a　垂直载荷

计算大车传动侧的主梁。在固定载荷和移动载荷作用下，主梁按简支梁计算，计算模型如图 3-5 所示。

固定载荷作用下主梁跨中的弯矩为：

$$M_q = \varphi_4 \left(\frac{F_q L^2}{8} + \Sigma P_{Gj} \frac{d_i}{2} \right) \tag{3-72}$$

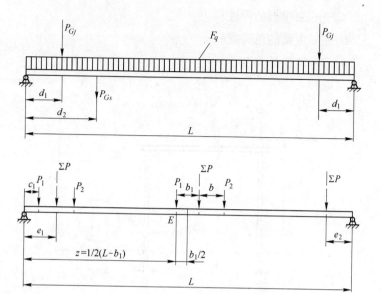

图 3-5 主梁计算模型

固定载荷作用下主梁跨端的剪切力为:

$$F_{qc} = \varphi_4 \Big[\frac{F_q L}{2} + \Sigma P_{Gj} \Big(1 - \frac{d_i}{2} \Big) \Big] \tag{3-73}$$

移动载荷在跨中时, 主梁跨中的弯矩为:

$$M_P = \varphi_4 \Sigma P \frac{(L - b_1)^2}{4L} \tag{3-74}$$

移动载荷在跨中时, 主梁跨中内扭矩为:

$$T_n = \frac{1}{2} (\varphi_4 \Sigma T_P + T_H) \tag{3-75}$$

轮压合力 ΣP 与左轮的距离为:

$$b_1 = \frac{P_2}{\Sigma P} b \tag{3-76}$$

移动载荷在跨端极限位置时，梁端的最大剪切力为：

$$F_{pc} = \varphi_4 \Sigma P \frac{L - b_1 - c_1}{L} \tag{3-77}$$

移动载荷在跨端极限位置时，梁的跨端内扭矩为：

$$T_{n1} = (\varphi_4 Tp + T_H)\left(1 - \frac{e_1}{L}\right) \tag{3-78}$$

由此可得主梁跨中总弯矩为：

$$M_x = M_q + M_P \tag{3-79}$$

主梁跨端总剪切力为：

$$F_c = F_{qc} + F_{pc} \tag{3-80}$$

b　水平载荷

（1）水平惯性载荷。桥架在水平面内为一个刚架结构，受到水平惯性载荷 P_H 及 F_H 的作用，其计算模型如图3-6所示。

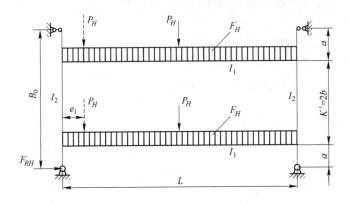

图3-6　水平刚架计算模型

1）小车在跨中时，主梁跨中水平弯矩为：

$$M_H = \frac{P_H L}{4}\left(1 - \frac{1}{2r_1}\right) + \frac{F_H L^2}{8} \tag{3-81}$$

式中 r_1——刚架的计算系数，$r_1 = 1 + \dfrac{2abI_1}{3(a+b)LI_2}$；

$\quad\quad I_1$——主梁截面对 y 轴的惯性矩；

$\quad\quad I_2$——端梁截面对 y 轴的惯性矩。

2）小车在跨端时，跨端水平剪切力为：

$$F'_{cH'} = \frac{F_H L}{2} + \left(1 - \frac{e_1}{L}\right) \tag{3-82}$$

（2）偏斜侧向力。在偏斜侧向力作用下，桥架也按水平刚架结构分析，如图 3-7 所示。

1）小车在跨中时，主梁跨中水平弯矩为：

$$M_S = P_{S1}a + F_{d1}b - \frac{N_{d1}L}{2} \tag{3-83}$$

式中 F_{d1}——端梁中点的水平剪切力，$F_{d1} = P_{S1}\left(\dfrac{1}{2} - \dfrac{a}{K'r_s}\right)$；

$\quad\quad N_{d1}$——端梁中点的轴力，$N_{d1} = \dfrac{1}{2}P_{w1}$；

$\quad\quad P_{w1}$——超前力，$P_{w1} = \dfrac{P_{s1}B_0}{L}$；

$\quad\quad r_s$——计算系数，$r_s = 1 + \dfrac{K'}{3LI_2}$。

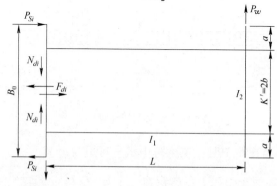

图 3-7 侧向力作用下刚架的结构分析

主梁跨中总的水平弯矩为：

$$M_y = M_H + M_S \tag{3-84}$$

2）小车在跨端时，跨端水平剪切力为：

$$F_{cs} = P_{w2} - N_{d2} \tag{3-85}$$

式中　P_{w2}——超前力，$P_{w3} = \dfrac{P_{s2}B_0}{L}$；

　　　N_{d2}——端梁中点的轴力，$N_{d2} = \dfrac{1}{2}P_{w2}$。

主梁跨端总的水平剪切力为：

$$F_{cH} = F'_{cH'} + F_{cs} \tag{3-86}$$

B　主梁跨中截面危险点 1、2、3 的强度验算

在上述载荷作用下，主梁危险截面验算点的应力按最不利的工况和载荷组合决定，如图 3-8 所示。

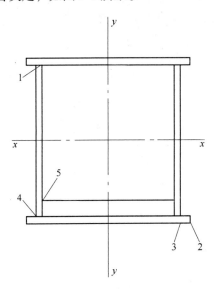

图 3-8　主梁截面强度验算点

a　主腹板上边缘 1 点的应力

偏轨箱形梁主腹板边缘受轮压作用引起局部压应力 σ_m 作用，

应计算折算应力为：

$$\sigma = \sqrt{\sigma_0^2 + \sigma_m^2 - \sigma_0\sigma_m + 3\,\tau^2} \leqslant [\,\sigma\,] \qquad (3\text{-}87)$$

$$\sigma_0 = \sigma_{01} + \sigma_{02}$$

式中　σ_m——局部压应力，$\sigma_m = \dfrac{\varphi_4}{(2h_y + 50)\delta}P_{j1}$；

σ_{01}——垂直弯矩产生的应力，$\sigma_{01} = \dfrac{M_x}{I_x}y$；

σ_{02}——水平弯矩产生的应力，$\sigma_{02} = \dfrac{M_y}{I_y}x_1$；

τ——主腹板上边的切应力，$\tau = \dfrac{F_p S_y}{I_x \Sigma\delta} + \tau_n$；

$\Sigma\delta$——左右腹板的厚度之和；

τ_n——扭转切应力，$\tau_n = \dfrac{T_n}{2A_0\delta}$。

b　2点的应力

主梁截面最远角点上的应力为：

$$(\sigma_{01} + \sigma_{02}) = \frac{M_x}{I_x}y_2 + \frac{M_y}{I_y}x_2 \leqslant [\,\sigma\,] \qquad (3\text{-}88)$$

c　3点的应力

考虑梁的约束弯曲和约束扭转，下翼缘板与副腹板连接处的外侧表面应力为：

$$\sigma = 1.15(\sigma_{01} + \sigma_{02}) = 1.15\left[\frac{M_x}{I_x}y_2 + \frac{M_y}{I_y}(x_2 - l)\right]$$

$$\leqslant [\,\sigma\,]1.15(\sigma_{01} + \sigma_{02}) \qquad (3\text{-}89)$$

d　主梁跨端的切应力

（1）主腹板承受垂直剪力 F_c 及扭矩 T_{n1}，故主腹板中点切应力为：

$$\tau = \frac{1.5F_C}{h_d\Sigma\delta} + \frac{T_{n1}}{2A_0\delta} \leqslant [\tau] \tag{3-90}$$

式中　A_0——主梁跨端的封闭截面面积；

　　　h_d——主梁跨端的腹板高度，等于端梁高度。

（2）翼缘板承受水平剪力 F_{CH} 及扭矩 T_{n1}，切应力为：

$$\tau = \frac{1.5F_{CH}}{h_d\Sigma\delta} + \frac{T_{n1}}{2A_0\delta} \leqslant [\tau] \tag{3-91}$$

C　主梁疲劳强度验算

桥架工作级别为 A6，应按载荷组合计算主梁跨中的最大弯矩截面的疲劳强度，由于水平惯性载荷产生的应力很小，可以忽略。

移动载荷在跨中，主梁跨中截面的最大弯矩为：

$$M_{\max} = M_x \tag{3-92}$$

空载小车位于右侧跨端时，如图 3-9 所示，主梁跨中最小弯

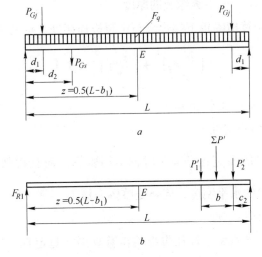

图 3-9　主梁跨中最小弯矩的计算受力图

a—固定载荷作用下；b—移动载荷作用下

矩为：

$$M_{min} = M_q + \varphi_4 F_{R1} \frac{L - b_1}{2} \tag{3-93}$$

左端支反力为：

$$F_{R1} = \frac{1}{L}\left[P'_1 (b + c_2) + P'_2 c_2 \right] \tag{3-94}$$

（1）验算主腹板受拉翼缘焊缝 4 点的疲劳强度：

$$\sigma_{max} \leqslant [\sigma_{ri}] \tag{3-95}$$

$$\sigma_{min} = \frac{M_{min}(y_2 - \delta_0)}{I_x} \tag{3-96}$$

$$\sigma_{max} = \frac{M_x(y_2 - \delta_0)}{I_x} \tag{3-97}$$

式中　$[\sigma_{ri}]$——焊缝拉伸疲劳许用应力，根据工作级别、应力集中等级及材料等计算；

δ_0——下翼缘板的厚度。

（2）验算横隔板下端焊缝与主腹板连接处 5 点的疲劳强度：

$$\left(\frac{\sigma_{max}}{[\sigma_r]} \right)^2 + \left(\frac{\tau_{max}}{[\tau_r]} \right)^2 \leqslant 1.1 \tag{3-98}$$

D　主梁稳定性验算

a　整体稳定性

当主梁的高宽比 $\frac{h}{b} \leqslant 3$ 时，不用验算，而且桥架设有平台，增大了主梁的水平刚度，能防止整体失稳。

b　局部稳定性

箱形主梁的翼缘板和腹板均需验算局部稳定性。先要根据板的宽厚比布置加劲肋，形成区格，然后分别验算跨中和跨端附近的区格。

3.4.1.3　刚度计算

A　桥架的垂直静刚度计算

当满载小车位于跨中时产生的静挠度为:

$$Y = \frac{\sum P}{48EI_x}\Big[L^3 - \frac{b^2}{2}(3L - b)\Big] \leqslant [Y] = \frac{L}{800} \qquad (3-99)$$

B　桥架的水平惯性位移计算

当满载小车位于跨中时产生的水平惯性位移为:

$$X = \frac{P_H L^3}{48EI_y}\Big(1 - \frac{3}{4r_1}\Big) + \frac{5F_H L^4}{384EI_y}\Big(1 - \frac{4}{5r_1}\Big) \leqslant [X] = \frac{L}{2000}$$

$$(3-100)$$

式中　r_1——计算系数。

C　桥架的垂直动刚度计算

起重机的动刚度以满载小车位于跨中时产生的垂直自振频率来表征,即:

$$f_v = \frac{1}{2\pi}\sqrt{\frac{g}{(y_0 + \lambda_0)(1 + \beta)}} \geqslant [f_v] \qquad (3-101)$$

式中　y_0——起升载荷对桥架的物品悬挂点产生的静位移;

λ_0——起升载荷对起升钢丝绳滑轮组产生的静伸长,

　　　　$\lambda_0 = \dfrac{p_Q l_r}{n_r E_r A_r}$;

l_r——起升钢丝绳滑轮组的实际最大下放长度,可近似取 l_r

　　　　$\approx H_q + H_r - 2000\text{mm}$;

E_r——所用钢丝绳的纵向弹性模量,一般可取 $E_r \approx$

　　　　$1 \times 10^5 \text{MPa}$;

β——结构质量影响系数,$\beta = \dfrac{m_1}{m_2}\Big(\dfrac{y_0}{y_0 + \lambda_0}\Big)^2$;

m_1——结构在物品悬挂点的换算质量,对跨中取主梁质量的一半与小车净质量，但不包括吊具质量；

m_2——起升质量；

$[f_v]$——桥式起重机满载小车位于跨中时的垂直自振频率控制值，取 $[f_v] = 2\text{Hz}$。

D 桥架的水平动刚度计算

起重机的水平动刚度以物品高位悬挂、满载小车位于跨中时的水平自振频率来表征，即：

$$f_H = \frac{1}{2\pi}\sqrt{\frac{1}{m_e\delta_e}} \geqslant [f_H] \qquad (3\text{-}102)$$

式中 m_e——集中于桥架中央的等效质量，对一根主梁，则有

$m_e = 0.5(m_G + m_x + m_Q + m_0)$；

m_G——一根主梁的质量；

δ_e——单位水平力作用于水平刚架跨中产生的水平位移，

$$\delta_e = \frac{L^3}{48EI_1}\left(1 - \frac{3}{4r_1}\right)；$$

$[f_H]$——桥式起重机水平自振频率控制值，推荐取 1.5 ~ 2Hz。

3.4.2 起重机结构系统能度可靠性分析方法算例

3.4.2.1 计算原理

本书以某企业桥式起重机为主要研究对象，进行能度可靠性分析。

某企业 75/30t-28.5m 桥式起重机的具体参数如下：

起重量：75t/30t；

主起升/副起升速度：50m/min/20m/min；

跨度：28.5m；

主/副起升高度：14m/14m；

上、下翼缘板尺寸：主梁/端梁 18mm × 800mm × 28500mm/14mm × 600mm × 26500mm；

腹板尺寸：主梁/端梁 8mm × 2100mm × 6600mm/12mm × 884mm × 6600mm。

结构能度可靠性参数确定方法如下：

截集水平 α 取 0.75，约界参数 CAP 取 0.8，失效路径长度取 4。按照以上桥式起重机参数，应用 Visual C ++ 进行计算机仿真计算，计算原理如图 3-10 所示。首先对桥式起重机钢结构主梁进行有限元建模，建模方式以跨度为主要参数进行单元划分，每隔 1m 为一个单元。其主梁单元划分图，即有限元建造模型如图 3-11 所示。运用自主研发并获得软件著作权的计算软件《桥式起重机械关键部件可靠性分析系统》进行分析，其软件界面如图 3-12 ~ 图 3-16 所示。

3.4.2.2　计算结果验证

采用以上方法，以上例 75/30t-28.5m 的起重机为研究对象，其他参数不变，只改变起重量，进行可靠性分析，在不同起重量下的疲劳失效模式、刚度失效模式与稳定性失效模式在整体失效模式中所占比重分布如图 3-17 所示。可以看出：随着起重量的增加，疲劳失效模式所占的比重越来越大，刚度失效模式所占比重也逐渐在增大且较疲劳失效模式增长缓慢，稳定性失效模式所占比重逐渐降低。在 75t 左右，疲劳失效模式与稳定性失效模式所占比重接近相等。通过分析可知，整体稳定性失效主要决定于梁的高宽比。在小起重量的状态下，起重机结构的强度、刚度相对安全，因此，稳定性的失效可能就显得比较严重，但实际上可以通过改变截面高宽比解决。随着起重量的增加，截面参数不变的情况下，起重机结构失效越来越可能是由于疲劳引起，这和大多数失效案例也非常吻合，而且，本算例给出具体的失效比重。因此，通过验证，本方法完全符合力学规律，是切实可行的。

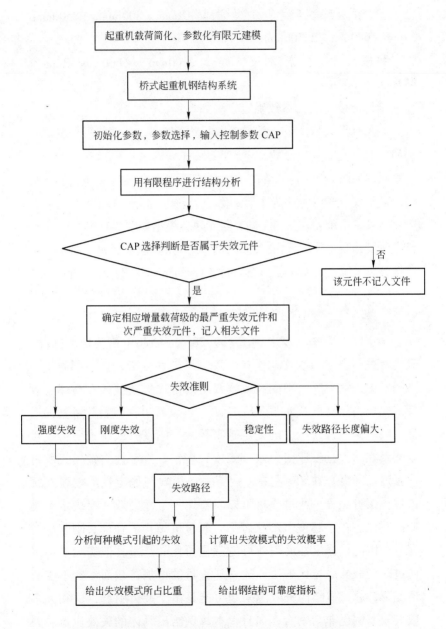

图 3-10 桥式起重机钢结构可靠性安全评估计算原理图

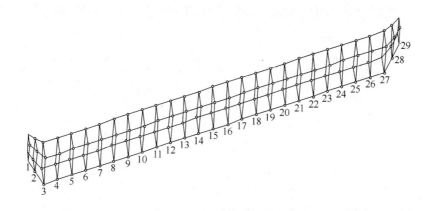

图 3-11　75/30t-28.5m 桥式起重机主梁单元划分图

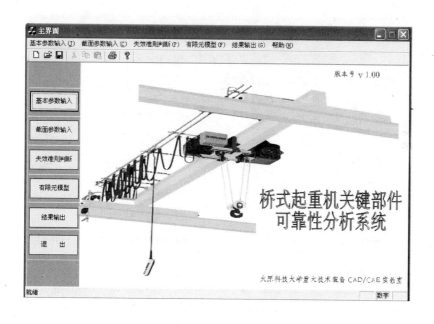

图 3-12　桥式起重机可靠性分析软件主界面

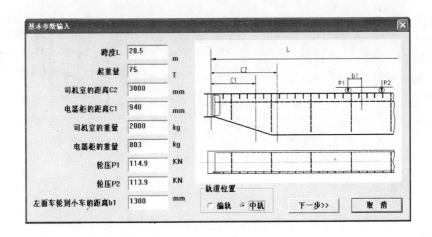

图 3-13 基本参数输入界面

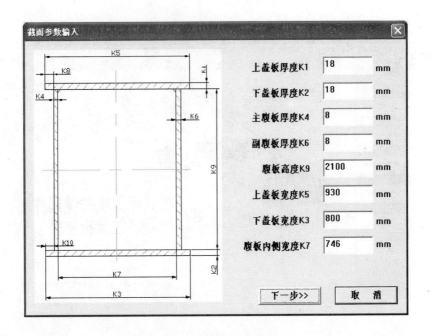

图 3-14 截面参数输入界面

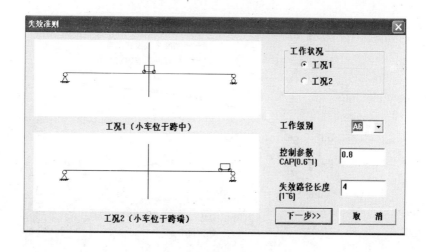

图 3-15　失效准则输入界面

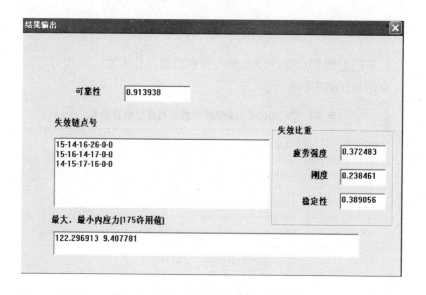

图 3-16　计算结果输出界面

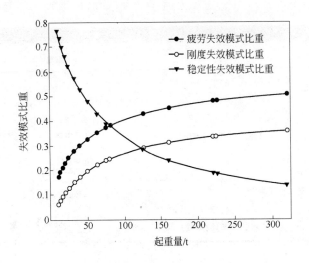

图 3-17　失效模式比重示意图

3.4.2.3　计算结果分析

采用上例 75/30t-28.5m 桥式起重机的具体参数，结构可靠性计算结果如表 3-1 所示。

表 3-1　75/30t-28.5m 桥式起重机可靠性计算结果

单元序号	失效路径	失效模式	比　重
1	15-14-16-26	疲劳失效	0.372482
2	15-16-14-17	刚度失效	0.238461
3	14-15-17-11	稳定性失效	0.389056

能度可靠性指标：0.913938

表 3-1 中：15 单元为跨中截面，14、16 单元分别距跨中 1m，17 单元距跨中 2m，11 单元距跨中 4m。经分析计算，该桥式起重机钢结构的主梁失效路径以三种方式进行演化。跨中

15 单元是承受载荷的关键位置，三条失效路径都把该单元作为失效单元，离跨中较近的单元为次严重失效位置，因此要重点对这些位置进行加固或者安全监测。通过计算还可以得出：第一条失效路径的失效形式是疲劳失效，发生的概率仅次于第三条失效路径即由于稳定性引起的失效概率。该起重机钢结构可靠度指标为：0.913938。该起重机是 2006 年在装配车间开始投入使用的，工作负荷不是太大，因此，该起重机的可靠度也较高。本算例也验证了这点。

3.4.2.4 工程算例分析结果

本技术已对企业现役 75 台桥式起重机的安全状况进行了可靠性评估分析。由于篇幅有限，本书选出 10 台工程实例进行分析。

A 分析对比结论一

本书选出工程实例中最具特点的前苏联设计制造已在役 50 多年的 5t-16.5m 桥式起重机为例进行分析。该起重机的主要参数见表 3-2，该起重机照片如图 3-18 所示。根据企业资料记录，该

图 3-18　前苏联 5t-16.5m 桥式起重机现场照片

表 3-2　桥式起重机参数一

起重机型号	5t-16.5m	设计参数	主　梁	端　梁
起重机类型	通用	上盖板厚×宽×长 /mm×mm×mm	10×460×16500	8×470×4110
生产厂家 或国家	前苏联	下盖冲压车间板厚× 宽×长/mm×mm×mm	10×460×16500	8×470×4110
桥架形式	中轨	主腹板厚×宽×长 /mm×mm×mm	7.45×860×16500	8×597×4110
使用场所	型钢切割 车间	副腹板厚×宽×长 /mm×mm×mm	7.45×860×16500	8×597×4110
已使用年限	50 年以上			

起重机使用年限至少在 50 年以上。其可靠性分析结果见表 3-3，该起重机结构系统可靠度指标为 0.995512。结果显示：在可能引起的失效模式中，由于疲劳、刚度比重较小，稳定性失效从表面上显得尤为突出。但从主梁具体截面参数来看，高宽比并没有明显接近于 3，因此，稳定性失效的可能性也较小。只是由于刚度失效、疲劳失效的可能性比较小，才突出了稳定性失效的可能。本台起重机的安全可靠性非常高，失效的可能性非常小。下面选已使用 6 年的某 10t-16.5m 桥式起重机与前苏联桥式起重机进行可靠性比对分析。其主要参数见表 3-4，可靠性分析结果见表 3-5。前苏联 5t-16.5m 桥式起重机虽然使用寿命已经超过 50 年，但是可靠性能度指标却大于使用寿命为 6 年的 10t-16.5m 桥式起重机。究其原因：前苏联制造的 5t-16.5m 桥式起重机结构箱形梁所取的截面尺寸甚至比已使用 6 年的 10t-16.5m 桥式起重机的截面尺寸还要大，因而可靠性也大，这是符合力学规律的。这说明，没有可靠度理论支撑的设计为了提高安全性能，只能通过加大成本

来将截面尺寸变大。算例二截面尺寸进行变化,如表3-6所示,此时可靠性指标从0.963618变为0.99432。因此,如果在设计阶段使用可靠性理论作指导,即使不通过提高成本来改变截面尺寸,仍然可以通过改变尺寸来提高可靠性。因此,对于特种设备之一的起重机结构系统,将可靠性理论用于设计与评估是非常迫切和重要的。

表3-3 桥式起重机参数一可靠性计算结果

失效路径	单元失效顺序号	失效模式	失效比重
1	9-8-10-13	疲劳失效	0.261889
2	9-10-8	刚度失效	0.182386
3	9-8-10-7	稳定性失效	0.555724

能度可靠性指标: $R = 0.995512$

表3-4 桥式起重机参数二

起重机型号	10t-16.5m	设计参数	主 梁	端 梁
起重机类型	通 用	上盖板厚×宽×长 /mm×mm×mm	8×450×16500	8×460×5300
生产厂家	新乡中原 起重机厂	下盖冲压车间板厚×宽 ×长/mm×mm×mm	8×450×16500	8×460×5300
桥架形式	中轨	主腹板厚×宽×长 /mm×mm×mm	5.97×700×16500	8×450×5300
使用场所	成形涂装 车间	副腹板厚×宽×长 /mm×mm×mm	5.97×700×16500	8×450×5300
已使用年限	6 年			

表3-5 桥式起重机参数二可靠性计算结果

失效路径	单元失效顺序号	失效模式	失效比重
1	9-8-11-13	疲劳失效	0.361523
2	7-10-8	刚度失效	0.400793
3	9-8-10-6	稳定性失效	0.237684

能度可靠性指标: $R = 0.963618$

表 3-6　改进的桥式起重机参数二

起重机型号	10t-16.5m	设计参数	主　梁	端　梁
起重机类型	通　用	上盖板厚×宽×长 /mm×mm×mm	8×445×16500	8×455×5300
生产厂家	新乡中原 起重机厂	下盖冲压车间板厚× 宽×长/mm×mm×mm	8×445×16500	8×455×5300
桥架形式	中轨	主腹板厚×宽×长 /mm×mm×mm	6×740×16500	8×455×5300
使用场所	成形涂装 车间	副腹板厚×宽×长 /mm×mm×mm	6×745×16500	8×455×5300
已使用年限	6 年			

B　分析对比结论二

表 3-7 ~ 表 3-14 是其他 8 台桥式起重机参数表。通过对失效单元的分析，危险点基本发生在主梁跨中截面或者附近，因此要重点对这些位置的单元进行加固或安全监测。基于能度的结构可靠性与随机可靠性结果比较发现，能度可靠性是选择失效模式最大失效概率为系统失效概率，而随机可靠性考虑失效模式之间的相关性，综合计算系统概率。经测算，在相同情况下，能度可靠性理论计算的可靠性指标值一般都小于随机可靠性计算值。虽然随机可靠性方法在结构的可靠性评估中获得了成功的应用，但它并不能涵盖所有领域。结构和机械系统所涉及的不确定性并不总是随机的。模糊系统的可靠性评估也有着重要的理论意义和实用价值。同时，研究可能的可靠性方法将使结构的可靠性理论更加完善，使实际问题中不确定性的处理更加合理。

表 3-7 桥式起重机参数三

起重机型号	50t-22.5m	失效路径	单元失效顺序号	失效模式	失效比重
起重机类型	通 用	1	12-11-13-20	疲劳失效	0.333173
生产厂家	河南卫华	2	12-13-11-14	刚度失效	0.219487
桥架形式	中 轨	3	11-12-14-13	稳定性失效	0.44734
使用场所	焊接加工				
已使用年限	4 年		$R = 0.785249$		

表 3-8 桥式起重机参数四

起重机型号	20/5t-13.5m	失效路径	单元失效顺序号	失效模式	失效比重
起重机类型	通 用	1	7-6-8-11	疲劳失效	0.391771
生产厂家	新乡中原起重机厂	2	7-6	刚度失效	0.329251
桥架形式	中 轨	3	7-6-8-5	稳定性失效	0.278978
使用场所	冲压车间				
已使用年限	2 年		$R = 0.980208$		

表 3-9 桥式起重机参数五

起重机型号	16t-13.5m	失效路径	单元失效顺序号	失效模式	失效比重
起重机类型	通 用	1	7-6-8-11	疲劳失效	0.381351
生产厂家	新乡中原起重机厂	2	7-6	刚度失效	0.310214
桥架形式	中 轨	3	7-6-8-5	稳定性失效	0.308434
使用场所	冲压车间（东）				
已使用年限	6 年		$R = 0.998463$		

表 3-10　桥式起重机参数六

起重机型号	32/5t-25m	失效路径	单元失效顺序号	失效模式	失效比重
起重机类型	通　用	1	13-12-14-22	疲劳失效	0.342271
生产厂家	大连重工	2	13-14-12-15	刚度失效	0.271634
桥架形式	中　轨	3	12-13-15-14	稳定性失效	0.386095
使用场所	3 号冷线中车	$R = 0.957503$			
已使用年限	4 年				

表 3-11　桥式起重机参数七

起重机型号	32/5t-31m	失效路径	单元失效顺序号	失效模式	失效比重
起重机类型	通　用	1	16-15-17-28	疲劳失效	0.328037
生产厂家	大连重工	2	16-17-15-18	刚度失效	0.276112
桥架形式	中　轨	3	15-16-18-17	稳定性失效	0.395851
使用场所	原料跨北车	$R = 0.931902$			
已使用年限	4 年				

表 3-12　桥式起重机参数八

起重机型号	50/10t-31m	失效路径	单元失效顺序号	失效模式	失效比重
起重机类型	通　用	1	16-15-17-28	疲劳失效	0.307469
生产厂家	大连重工	2	16-17-15-18	刚度失效	0.266576
桥架形式	中　轨	3	15-16-18-17	稳定性失效	0.425956
使用场所	EF 跨 50t 中	$R = 0.785249$			
已使用年限	2 年				

表 3-13　桥式起重机参数九

起重机型号	50/10t-28m	失效路径	单元失效顺序号	失效模式	失效比重
起重机类型	通　用	1	15-14-16-26	疲劳失效	0.32992
生产厂家	大连重工	2	15-16-14-17	刚度失效	0.275862
桥架形式	中　轨	3	14-15-17-16	稳定性失效	0.394217
使用场所	FG 跨 50t 中	$R = 0.785249$			
已使用年限	2 年				

表 3-14 桥式起重机参数十

起重机型号	50t-19m	失效路径	单元失效顺序号	失效模式	失效比重
起重机类型	通 用	1	10-9-11-14	疲劳失效	0.382107
生产厂家	大连重工	2	10-11-9-9	刚度失效	0.304043
桥架形式	中 轨	3	10-9-11-8	稳定性失效	0.31385
使用场所	AB 跨 2 号	$R = 0.941413$			
已使用年限	2 年				

第4章

机电类特种设备钢结构
系统的失效准则

4.1 概　　述

从人类认识客观世界的历史来看，人的认识是有限的，而客观时间是无限的。失效是人们的主观认识与客观事物相互脱离的结果，失效发生与否是不为人们的主观意志所转移的，因此，失效是绝对的，而安全则是相对的。失效分析是人们认识客观事物本质和规律的逆向思维探索，是对正向思维研究的不可缺少的重要补充，是变失效为安全的基本关键，是人们深化客观事物认识的知识源泉。失效分析是可靠性工程必不可少的基础技术工作，加强机械产品失效及其分析的研究必将使机械产品有更大的安全性。因此失效分析是机械产品可靠性分析的重要组成部分和关键的技术环节。

国家标准 GB 3187—82 定义："失效（故障）——产品丧失规定的功能。对可修复产品，通常也称为故障。"该定义涉及产品、规定功能和丧失等几个概念。产品按其完成程度可分为成品、半成品和在制品。它包括构件、元件、器件、设备或系统，可以表示产品的总体、样品等。因此，产品的确切含义应在使用时加以说明。本书所指的产品为机械钢结构系统。规定的功能是指国家有关法规、质量标准、技术文件以及合同规定的对产品适用、安全和其他特性的要求。

失效是可靠的反义词。失效与事故是紧密相关的两个范畴，事故强调的是后果，即造成的损失和危害，而失效强调的是机械产品本身的功能状态。失效和事故常常有一定的因果关系。判断失效的模式、查找失效原因和机理、提出预防再失效对策的技术活动和管理活动称为失效分析。

产品失效尤其是大型机械设备的失效会引起重大事故。特别是主要承受载荷的钢结构系统尤其重要。实际工程结构通常是很复杂的系统，不同系统中的结构所发挥的作用和系统对结构的要求是不相同的。由失效的定义可知，失效准则的确定判据是看规定的功能是否丧失。

因此，结构系统失效准则的确定应针对其具体要求和在工程中的作用而确定。本章将对结构系统的失效及判断失效的准则进行简要讨论和叙述。

4.2 结构系统失效的几个概念

4.2.1 失效模式的模拟必要性和基本假设

由于实际结构系统的复杂性，直接计算其精确失效概率往往是很困难的，甚至是不可能的。而且一个结构系统可能的失效模式非常多，实际计算中不可能也没必要完全考虑其全体。所以，在分析结构系统的可靠性时，首先对系统进行合理的简化和模拟，使可靠性估算成为可能。在简化和选择相应系统的计算模型时，尽量使真实的结构系统的大多数主要失效模式能包括在计算模型当中，这样才能更精确地计算出结构系统的可靠度。

因此，在简化和模拟结构实际系统时，应作以下基本假设：结构系统总的可靠性只考虑有限个主要失效模式，然后将它们组合在复杂的可靠性系统中进行精确的估算。对于高冗余度的结构系统，其失效通常是当若干个元件同时失效时才发生，因此，假设结构系统可靠性可按串联系统模型来估算。这个串联系统中的元件指的是结构系统的一个主要失效模式，而一个主要失效模式是由其当中的失效元件按并联系统来模拟的。简化模型如图 4-1 所示。图中所示表明，该系统共有 m 个主要失效模式，每个失效模式分别有 n_1、n_2、$\cdots$、n_m 个失效元件。其中，主要失效模式之间的串联关系及失效模式当中失效元件之间的并联关系并不是理想中简单的串、并联关系，而是根据系统内各构件的布置方式和连接特点的有机组合。

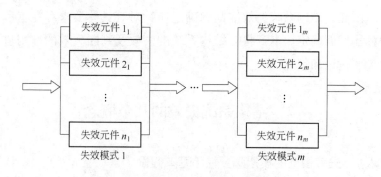

图 4-1 系统失效模拟简化模型

4.2.2 结构元件的模拟

在结构系统可靠性理论中，失效元件与结构元件是完全不同的两个概念，结构元件是在结构理论中为了力学计算而对结构系统所进行的划分，而失效元件是结构系统中或结构元件中可能发生失效的元件或点。

结构系统有失效模式，系统中的结构元件同样也有其相应的失效模式。对于桁架系统中的杆单元，在外载作用下，有可能因拉伸或压缩而失效，内力计算中只考虑其轴力，因此，其失效模式只有一个，即其轴向因为拉伸或压缩而失效，所以，一个杆单元在可靠性计算中对应地只有一个失效元件。如果一个桁架系统中有 n 个杆单元，则在计算结构系统的失效模式时，系统中总共有 n 个失效元件。

对于刚架系统，由于其节点假设为刚节点，所以，对于一个梁单元，如果在承受集中载荷的情况下，其可能形成塑性铰的地方为梁的两端点截面处和集中力作用处，因此，对于单个梁单元来说，它在集中外载荷作用下，可能有三个失效模式，即有三个失效元件。

在划分单元时，把集中力作用点作为节点来进行单元划分；对于均布载荷，换算为等效节点力作用于节点。

所以，在运用有限元进行可靠性分析时，对于单个梁而言，其可能发生塑性铰的地方就只有梁两端截面处。图 4-2 示出了单个梁单元可能发生的失效形式，对于材料为理想的线弹性梁，其理想的应力-应变关系如图 4-3a 所示，图 4-3b 和图 4-3c 示出了梁

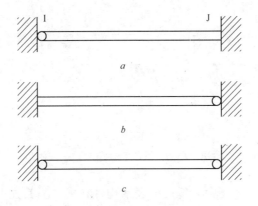

图 4-2　梁单元失效示意图

a—左边失效图；b—右边失效图；c—两边失效图

的两种典型的失效形式，其中图 4-3*b* 表明梁失效于弯曲，图 4-3*c* 表明梁失效于屈曲（即失稳）。

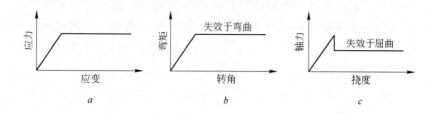

图 4-3 应力与形变的关系

由于材料不同，所以结构元件的失效形式也不尽相同。失效元件的两种主要失效形式是完全脆性失效和完全塑性失效。对于完全脆性失效元件，失效后不再具有任何承载能力。而完全塑性失效元件在失效后仍保留其承载能力。除此之外，还有其他失效形式，例如：构件在屈曲失效后，仍保留部分其承载能力。有关构件的几种失效形式如图 4-4 所示。

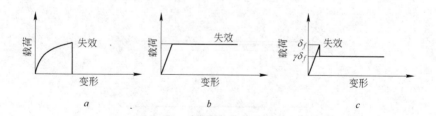

图 4-4 构件失效形式

a—完全脆性失效；*b*—完全塑性失效；*c*—屈曲失效

在屈曲失效图中，参数 γ 表示构件在失效后其强度的保留系数，当 $\gamma = 0$ 时，对应于完全脆性失效，当 $\gamma = 1$ 时，对应于完全塑性失效。

4.2.3 结构系统失效级别的定义

对于某些结构系统，定义当任意失效元件失效时结构系统就失效，则系统可靠性根据单个失效元件的失效来评价。系统可靠性的这样一种模拟称为 0 级系统模拟。这种系统模拟中，可靠性的评估没有考虑失效元件间的相互影响，各失效元件认为是相互独立的。设结构系统由 n 个失效元件构成且各失效元件的失效概率分别为 $P_{fi}(i=1,\cdots,n)$，则结构系统的 0 级失效概率为：

$$P_{fs} = \max_{i=1,\cdots,n} P_{fi} \qquad (4\text{-}1)$$

其可靠度为：

$$R = 1 - P_{fs} \qquad (4\text{-}2)$$

对于有些结构系统，更合理的可靠性评估是根据失效元件的失效概率和各失效元件之间的相关性，将结构系统模拟成一串联系统来考虑。这种模拟称为 1 级模拟。这种系统的失效概率根据单个失效元件的失效概率和元件之间的相关性来评估。以此类推，结构根据实际形式和作用特点可模拟为 2 级、$\cdots$、n 级系统。

4.2.4 失效路径及失效路径的长度

首先解释失效路径。对于大型钢结构系统，任一元件的失效，不一定引起结构系统的失效。假定结构以下面方式发生失效：当任一元件失效时，在未失效元件之间发生内力的重新分布，将超过它的承载能力的内力转嫁到其他元件上，此时势必又引起另一元件达到极限状态而失效；重复类似过程，当失效元件（简称失效元）数达到某一值时，结构系统失效，此时就形成一个失效模式。对该失效模式，按失效元序号组成的失效顺序，称为完全失效路径，如图 4-5 中的 75→54→53→71。对未形成失效模式的按失效元序号组成的失效顺序称为不完全失效路径，如上例中的

75→54→53 等。一般而言，按失效元序号组成的失效顺序，通称失效路径。而包含在失效路径的元件数，称为失效路径的长度。例如，完全失效路径 75→54→53→71 的失效长度为 4。由于失效模式是以树状的形式出现的，也称失效树。

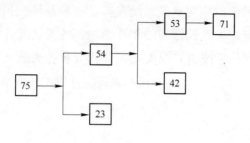

图4-5　失效树示意图

4.3　机电类特种设备钢结构系统的失效准则与剩余寿命评估准则的统一

结构可靠性失效判据与结构剩余寿命评估准则本质上是一致的，都是指结构所能够承受载荷的极限状态。

4.3.1　从结构可靠性的角度出发确定失效判据的选取原则

实际工程结构通常是很复杂的系统，不同系统中的结构所发挥的作用和系统对结构的要求是不相同的。因此，结构系统失效的具体定义应针对其具体要求和在工程中的作用而确定。

在对结构系统进行可靠性分析前，首先要对结构系统的失效作一个明确合理的定义。对结构系统的失效进行定义应遵循以下原则：

（1）具体的结构系统要根据其自身结构特点和系统内构件的布置特点具体定义；

（2）应根据设计的具体要求对结构的失效作具体定义；

（3）根据结构系统在实际工程应用中所发挥的具体作用对其失效进行合理的定义。

通常，结构系统的失效可以简单地定义为：结构系统不能再按照设计要求去完成或实施其规定的功能。但不能对所有结构作统一的、具体的规定要求来定义其失效，即在分析结构系统可靠性时，要具体结构具体定义。一般情况下，结构失效的含义为结构不能再按照设计要求承受外载、结构在外载的作用下其变形超过规定设计要求或结构系统蜕变成机构。

对于有些结构，如静定桁架结构，当其中一杆件因拉伸或压缩破坏而失效时，即系统内产生一失效元件，静定桁架结构就变为机构而不能再承受荷载，这时，结构系统发生失效。因此，结构系统的失效就定义为结构蜕变为机构。

实际工程结构大部分是高冗余度的复杂结构系统，对于有些结构其失效定义为结构系统变为机构是合理的。但对于工程中所有结构系统的失效统一定义为结构系统变为机构则不符合工程结构在实际应用中的要求。

系统失效准则可大致归纳为以下 3 种：

（1）结构已失效单元数达到某一特定值，结构变为机构。

（2）结构已失效单元数达到某一特定值，根据经验或规范出于刚度考虑认为结构已不再适于承受所加外载。

（3）结构整体失效或结构整体承载能力首次出现下降现象。

第（1）种失效准则是一种理想准则，没有考虑经验因素，比较适合于小型算例的演示。第（2）和第（3）种失效准则都是经验准则，便于工程中进行检验和实际操作。系统失效准则的差异不影响失效模式识别算法本身，但对分析结果会产生一些影响。对于结构复杂的钢结构系统，通常采用第（1）和第（2）种准则。

4.3.2 机电类特种设备结构剩余寿命评估准则

随着大量机电类特种设备钢结构系统使用年限的增长，结构系统的不安全问题日益突出。如何预测机电类特种设备钢结构的剩余使用寿命以及采取何种有效的预防措施成为一个迫切需要解决的课题。所谓结构的使用寿命是指结构从开始使用到结构达到破坏极限状态为止的时间，而其剩余寿命则是指结构在当前状况下，在不加维修或正常维护以及正常使用条件下，结构可能继续使用的年限。近代数学理论的发展为结构剩余寿命的预测提供了必要的理论基础，而工程检测系统的进一步完善和测试技术的进步又为理论在工程实践中的应用提供了保证。因此，结构剩余寿命的评估准则尤为重要。

科学家和工程师们将使用寿命完全作为一个技术问题，这样引出结构的技术使用寿命概念，即结构自投入使用，至从技术上不能满足其安全、使用功能和外观要求的时刻。这一要求就是所谓的失效准则，或者说规定的极限状态即结构剩余寿命的评估准则。结构的技术使用寿命，由于影响因素多而复杂，复杂的退化机理以及它们的相互作用也是未知的，且环境条件、外部载荷和结构性能都具有随机性，所以结构的技术使用寿命是受多个随机因素影响的随机变量，显然没有定值可言，其值的预测就是要预测一定失效概率，也称为预测一定可靠度的可靠寿命。这样，要确定结构的技术使用寿命，必须先确定一个人们可以接受的可靠水平，因此可靠性失效准则与结构剩余寿命评估准则是一致的。

结构系统的剩余使用寿命可以通过维护和加固加以改变，结构的失效状态可分为真性失效和假性失效。真性失效是指结构在当前状态下的可靠性不能满足要求，虽然经加固后可以满足可靠性要求，但是在剩余使用寿命期内所创造的效益小于加固费用或目标效益，即结构已经不值得维修或加固；而假性失效是指结构在当前状态下可靠性不满足要求，但是经过加固后不仅可以满足可靠性要求，而且在使用寿命期内所创造的效益大于加固费用或目标效益。真性失效和假性失效均是针对结构当前状态和经济条件而言。结构剩余使用寿命评估准则确定为：在满足可靠性要求条件下，结构达到真性失效状态时的运行年限为结构的剩余使用寿命，也就是说结构使用寿命的终止指结构达到真性失效状态。

因此，从结构剩余寿命评估准则的角度来看，所谓结构的使用寿命是指结构从开始使用到结构达到破坏极限状态为止的时间，而其剩余寿命则是指结构在当前状况下，在不加维修或正常维护以及正常使用条件下，结构可能继续使用的年限。

结构剩余寿命评估准则与结构可靠性失效判据是一致的，即从不同角度说明结构系统达到不能继续承受载荷的临界状态的条件。

4.4 具体算例及影响机电类特种设备钢结构系统失效准则的因素分析

在对高冗余复杂钢结构系统进行可靠性分析前，首先要对结构系统的失效作一个明确合理的定义，这对结构系统的失效准则的判定非常重要。结构系统在一系列外载荷作用下，其系统内各构件的力学指标，如内力、强度、稳定性等并不是相互独立的，其相互关系由结构系统内各元件间的布置关系、外载荷作用形式和各构件的连接特点而决定。实际工程结构通常为复杂的高次超静定系统，因此各构件之间的力学特性是密切相关的。对于大型钢结构系统，任一元件的失效，不一定引起结构系统的失效。假定结构以下面方式发生失效：当任一元件失效时，在未失效元件之间发生内力的重新分布，将超过它的承载能力的内力转嫁到其他元件上，此时势必又引起另一元件达到极限状态而失效；重复类似过程，当失效元件（简称失效元）数达到某一值时，结构系统失效，此时就形成一个失效模式。本书将以机电类特种设备中具有高冗余特点的立体车库钢结构与自身受载特点的桥式起重机为研究对象，进行分析。

4.4.1 立体车库算例

4.4.1.1 立体车库钢结构系统失效准则的确定

立体车库的力学模型简化及相关分析见第 2 章。

经过分析，对立体车库钢结构的失效具体应定义为：当立体车库钢结构中悬臂梁与立柱相交的刚节点蜕变为铰节点时，结构系统此时认为失效，连接这些节点的单元称为关键单元（简称关键元）。

但在失效模式可靠性分析中发现，大多时候，当一条失效路径的长度达到某一数值后，该失效路径中的失效元虽然没有达到关键元，但系统在进行有限元分析时，单刚矩阵主对角元素已有零元素出现，这表明，此结构已经蜕变为机构或不能再承载，结构系统已失效。

以下通过算例来讨论这一点。先进行初步分析，对于 3 层立体车库钢结构，当约界参数 CAP 取值为 0.95、一条失效路径的长度大于等于 7 时，会出现有限元单刚矩阵主对角元素为零的情况。这说明失效单元虽然未到关键元，但系统已蜕变为机构。结构系统不能再承力。失效路径长度逐渐减小至 6、5、4，都会发生以上有限元单刚矩阵主对角元素为零的情况。此时，将失效路径长度取为 4，结构系统可靠性分析可以正常进行。

因此，立体车库钢结构的失效判断准则可归纳为：

条件一：立体车库钢结构中悬臂梁与立柱相交的刚节点蜕变为铰节点时，即失效元为关键元时。

条件二：立体车库钢结构的一条完全失效路径的长度达到一定值时。该定值称为最大失效路径长度。最大失效路径长度取值需要通过反复计算并通过经验得到。

以上两条件为"或"的关系，即二者只要具备其一，则系统失效。

4.4.1.2 约界参数 CAP 和钢结构复杂程度对立体车库钢结构系统失效判断准则的影响

分析立体车库钢结构失效判断准则的两个条件。条件一根据不同的研究对象，其关键元不同。但是一旦结构系统确定，其关键元也已经确定。而条件二的失效路径长度随着 CAP 的取值不同以及结构的复杂程度不同，其结果也不同。下面主要讨论最大路径长度确定的影响因素。立体车库钢结构系统可靠性分析计算结果如表 4-1 所示。

表 4-1 立体车库钢结构系统可靠性分析计算结果

层　数	CAP 值	最大失效路径长度
6	0.95	8
3	0.95	4
3	0.92	3

由表 4-1 可以得出以下结论：

结论一：层数不同，所应取得的失效路径的长度也会变化。所取层数越高，结构中单元数越多，结构越复杂，在失效单元未达关键元的前提下，失效路径的长度可取得越大。对于 6 层立体车库钢结构，当 CAP 取值为 0.95 时，在失效单元未达到关键元时，失效路径的长度可取到 8。而同样情况下，3 层立体车库只可取到 4。因为 6 层的钢结构比 3 层复杂，对于一条失效路径来说，当失效路径的长度较小时（如取 6），立体车库钢结构为 3 层时已蜕变为机构即系统失效，而立体车库钢结构为 6 层时并未失效。对于 6 层立体车库钢结构系统，当失效路径的长度更长一些时（如取 8），系统才会失效。

结论二：失效路径的长度与 CAP 的值有关，CAP 的值越大，失效路径的长度可取得越大。

对 3 层立体车库钢结构，失效模式分析结果如表 4-2 所示。当约界参数 CAP 取值为 0.95 时，失效路径的长度可取到 4；当约界参数 CAP 取值为 0.92、失效路径的长度为 4 时，会出现单元刚度矩阵元素主对角元素为零的现象；而失效路径的长度取 3 时，结果正常。这说明，由于约界参数 CAP 取得小，失效模式的数目会增加，因而失效单元会增多，释放约束的单元也会增加，系统蜕变为机构的可能性会增大。

表 4-2　3 层立体车库钢结构失效模式分析结果

CAP 值	层　数	失效路径
0.98	3	75→54→53→71
0.95	3	67→48→47→79
		67→52→79→75
		75→71→53→54
		75→71→54→39
		67→52→79→71
		79→30→41→20

因此，实际工程结构中，失效定义不是完全相同的，即判定结构失效与否的标准是不同的。对于结构系统失效的合理定义应视其在实际工程中的关键重要程度和所发挥的具体作用而决定，同时还要看结构失效路径的单元数。

4.4.2 桥式起重机钢结构系统算例

4.4.2.1 桥式起重机关键部件主梁受力情况

桥式起重机主要承受自重载荷、移动载荷和小车轮压、惯性载荷、偏斜侧向力和扭转载荷。具体力学模型见第3章。

4.4.2.2 桥式起重机结构可靠性失效准则的确定

结合可靠性的计算方法与桥式起重机的受载特点，本书提出桥式起重机结构可靠性失效准则，其中包括疲劳强度失效准则、静强度失效准则、刚度失效准则、稳定性失效准则以及失效路径长度超过一定值（即最大失效路径长度达到一定值时）。

下面是准则的具体化：

（1）静强度失效准则。起重机主梁跨中截面危险点1、2、3处应力为：

$$\sigma_1 = \frac{M_x y_1}{I_x} + \frac{M_y x_1}{I_y} \leqslant [\sigma] \tag{4-3}$$

$$\sigma_2 = \frac{M_x y_2}{I_x} + \frac{M_y x_2}{I_y} \leqslant [\sigma] \tag{4-4}$$

$$\sigma_3 = \frac{M_x y_3}{I_x} + \frac{M_y x_3}{I_y} \leqslant [\sigma] \tag{4-5}$$

式中 $[\sigma]$——静强度许用应力。

主梁危险截面验算点的应力按最不利的工况和载荷组合决定，如图4-6所示。当失效路径单元中出现上述点时，系统失效。

端梁与主梁连接处截面、主梁与端梁连接板贴角焊缝连接处验算点的应力按最不利的工况和载荷组合决定，当失效路径单元中出现上述点时，系统失效。

（2）疲劳强度失效准则。主梁跨中截面危险点4、5，主梁截

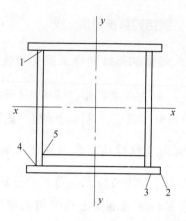

图 4-6 主梁跨中截面危险点分布图

面翼缘板拼接焊缝处应力为：

$$\sigma_4 = \frac{M_x y_4}{I_x} + \frac{M_y x_4}{I_y} \leqslant [\sigma_{rt}] \qquad (4\text{-}6)$$

$$\sigma_5 = \frac{M_x y_5}{I_x} + \frac{M_y x_5}{I_y} \leqslant [\sigma_{rt}] \qquad (4\text{-}7)$$

式中 $[\sigma_{rt}]$——疲劳强度许用应力。

主梁危险截面验算点的应力按最不利的工况和载荷组合决定。当失效路径单元中出现上述点时，系统失效。

（3）整体稳定性失效准则。当高宽比 $\frac{h}{b} > 3$ 时，系统失效。

（4）局部稳定性失效准则。箱形主梁的翼缘板和腹板均需考虑局部稳定性失效准则。先要根据板的宽厚比布置加劲肋，形成区格，然后分别验算跨中和跨端附近的区格，由此得出失效准则。

箱形端梁两腹板之间的受压翼缘板不失稳的极限宽厚比是 $\frac{b}{\delta} \leqslant 50$

$\sqrt{\dfrac{\sigma_s}{235}}$，梁腹板根据 $\dfrac{b}{\delta}$ 比值为 80 的倍数确定加劲肋板的布置，由

此得出失效准则。

（5）刚度失效准则。刚度失效准则包括以下几种：

1）桥架的垂直静刚度失效准则。起重机的垂直静刚度以满载小车位于跨中时产生的静挠度来表征：

$$Y_i = \frac{\Sigma P}{48EI_x}\left[L^3 - \frac{b^2}{2}(3L - b)\right] \leqslant [Y_i] \tag{4-8}$$

式中　$[Y_i]$——许用垂直静刚度。

2）桥架的水平静刚度失效准则。起重机的水平静刚度以满载小车位于跨中时产生的水平惯性位移来表征：

$$X = \frac{P_H L^3}{48EI_y}\left(1 - \frac{3}{4r_1}\right) + \frac{5F_H L^4}{384EI_y}\left(1 - \frac{4}{5r_1}\right) \leqslant [X] \tag{4-9}$$

式中　$[X]$——许用水平静刚度。

3）桥架的垂直动刚度失效准则。起重机的动刚度以满载小车位于跨中时产生的垂直自振频率来表征：

$$f_v = \frac{1}{2\pi}\sqrt{\frac{g}{(y_0 + \lambda_0)(1 + \beta)}} \geqslant [f_v] \tag{4-10}$$

式中　$[f_v]$——许用垂直动刚度。

4）桥架的水平动刚度失效准则。起重机的水平动刚度以物品高位悬挂，满载小车位于跨中时产生的水平自振频率来表征：

$$f_H = \frac{1}{2\pi}\sqrt{\frac{1}{m_e \delta_e}} \geqslant [f_H] \tag{4-11}$$

式中　$[f_H]$——许用水平动刚度。

（6）桥式起重机结构件的一条完全失效路径的长度达到一定值时，系统失效。通过计算，桥式起重机结构件的完全失效路径长度一般取4。

以上（1）~（6）的关系为逻辑"或"关系，即只要满足其中之一，桥式起重机结构件就失效。

4.4.2.3 算例分析及结论

起重机的疲劳失效主要是与工作级别相关。本书所评估的 10 个工程算例的工作级别都是 A6，因而其疲劳失效曲线变化基本接近直线。对于桥式起重机钢结构系统的刚度失效与跨度和载荷有关。但是每台起重机的箱形梁界面根据实际是不同的，很难从分析结果看出刚度失效的规律。下面进行刚度失效模式的摄动分析。

对于表 3-1 所示的 75/30t-28.5m 桥式起重机。在其他条件不变的情况下，小范围调整跨度或者起重量，刚度失效的变化规律如图 4-7 和图 4-8 所示。从图 4-7 可以看出，随着跨度的增大，其他条件不变，刚度失效的比重在增大；从图 4-8 可以看出，随着起重量的增大，其他条件不变，刚度失效的比重在增大。因此，在其他条件保证的基础上，跨度和载荷的增大会增大刚度失效的比重。这是符合力学规律的。本方法为特种设备起重机械结构安全评估提供了既科学又行之有效的方法。

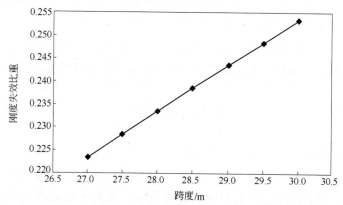

图 4-7 75/30t-28.5m 桥式起重机跨度摄动
引起刚度失效比重变化规律

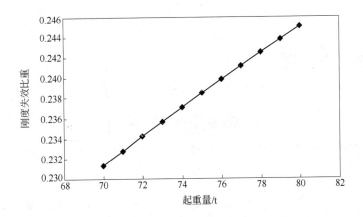

图 4-8　75/30t-28.5m 桥式起重机起重量摄动
引起刚度失效比重变化规律

第 5 章

未确知理论的应用

特种设备属于民用机械设备。对这些设备进行可靠性分析时，如果试验经费投入超过设备本身的价值就显得没有任何经济意义。但是在工程中，由于实验条件、试验周期及经费等多项因素，试验数据一般都很难达到所要求的数量。因此，特别迫切需要一种小样本处理数据的计算方法来作为理论指导与技术帮助。本章提出了基于未确知数学理论处理载荷分布规律的一种新方法。该方法可以通过小样本较为精确地拟合实际真值，避免结果信息遗漏和失真，并剔除已经变异的数据或者样本。

5.1 概　　述

人们对自然现象的认识表明，自然界有两类基本现象，一类是确定性现象，其基本特点是已知其初始状态，即可确知其未来状态；另一类是不确定现象，其基本特点是已知其初始状态，不能确定其未来状态。自然界中许多现象具有不确定性。在现实世界中，不确定性现象可谓无时不在，无处不在，无孔不入。其表现形式又是五彩缤纷的。不确定性是客观事物的本质属性，而确定性是人们认识上或观念上的产物，是包含了不确定的确定性。确定与不确定，既有本质的区别，又有内在的联系，两者相互矛盾，相互依存，在一定条件下又可以互相转化。确定性往往通过大量不确定性表现出来，不确定性是确定性的补充和表现形式，两者之间的关系是辩证统一的，掌握确定性是科学认识和实践的基础，认识确定性和利用确定性才能获得自由。人们应该重视不确定性，善于利用有利的不确定性，避免不利的不确定性，通过不确定性掌握确定性，从"不定"中求"确定"。

不确定性理论的研究对象是现实世界中的不确定性。在实际工程问题中，由于结构系统机理的复杂性以及人们认识上的局限性常常带来不确定性。目前，按不确定性因素的产生机理不同，一般分为：随机性、模糊性和未确知性。一个复杂的系统，有时可能同时具有这几种不确定性。"随机性"是由于因果规律的亏缺而产生，即因果关系不充分所致，表现为因果规律的不完整造成结果的不可预知性。由于事物的发展过程受到多种偶然因素的干扰，未来的事物大多或多或少地具有随机性。解决多次重复随机事件的数学手段是统计数学，包括概率论、数理统计和随机过程理论。研究未来的一次性随机事件的数学工具是决策理论。由于随机现象的频繁发生，人们往往有必要也有可能通过大量的观察，发现一种统计规律，从而获得必然性的认识。随机性的特点是，现象具有一个确定的概率分布函数，只要能给出这个概率分布函数，人们就可以对现象未来出现的情况作出概率预估。"模糊性"是由于排中律的破损而产生的，即指事物的差异在中介过渡中所呈现出的亦此亦彼性，表现为排中律的缺陷造成事物边界的不清晰。目前可以数学处理的模糊性事物是比较简单的。概括起来说，目前人们所考虑的事物的模糊性，主要是指由于不可能给某些事物以明确的定义和评定标准而形成的不确定性。这时人们考虑的对象往往可以表现为某些论域上的模糊集合。解决具有模糊因素的数学工具是模糊集合理论和模糊随机过程理论。由于模糊现象的司空见惯，人们常常依赖主观或经验的知识，通过数据挖掘和知识发现获得精确性的认识。模糊性是清晰性的反面，凡是不能清晰表达的想象都具有模糊性。描述模糊性的是隶属度函数，根据现象的隶属度函数就可以对其未来出现的情况作出隶属度预估。

上述两种不确定性的表现形式是不同的：随机性的含义指事物各种可能发生的结果的不确定性，而模糊性的含义是指事物类属的不确定性，即事物所呈现的"亦是亦非"或者"似是而非"的特性。在随机性的集合表示法中，集合是确定的，有明确的内涵和外延。在模糊性的集合表示法中，事件是确定的，但是由于集合内涵与外延的不确定性，而使事件能否归属于集合中，也呈现出不确定性。

在不确定中还有一种情况：就客观事物本身讲，是确定的，但是对决策者来说，却无法确切地回答。所以在决策者心目中，它又是不确定的。这种主观的、认识上的不确定性，称为未确知性。例如：试验分析带来的不确定性，即试验条件与实际系统所处的自然条件不完全一致而产生的不确定性，试验手段受客观条件的限制而造成测试结果的不完全正确所产生的不确定性等；统计分析带来的不确定性，即用有限的试验样本代替无限样本所产生的不确定性等；简化假设带来的不确定性，即力学分析、结构分析等中的简化假设所产生的不确定性；人为差错带来的不确定性，即采用不正确的计算模型，分析计算中的错误，设计中的差错，制造中的疏忽等所产生的不确定性；未知因素带来的不确定性，即一些对结构系统的可靠性有影响但还未被人们认识的因素所产生的不确定性，等等。"未确知性"是在进行某种决策时，所研究和处理的某些因素和信息可能既无随机性又无模糊性，但决策者纯粹由于条件的限制而对它认识不清，也就是说，所掌握的信息不足以确定事物的真实状态和数量关系。这种在决策中需要利用的、纯主观的、认识上的不确定性信息可以称为未确知信息。

5.2 未确知信息

5.2.1 未确知信息的基本定义

所谓"未确知信息"就是由于决策者所掌握的信息不足以确定事物的真实状态和数量关系而带来的纯主观认识上的不确定性。这种主观上、认识上的不确定性，称之为未确知性。也就是说，它是由于决策者主客观条件限制，认识不清，所掌握的信息不足，难以确定事物的真实状态和数量关系而带来的纯主观的、认识上不确定性结构的分析方法研究的不确定性，它既不同于只是针对未来将要发生的事物的随机性，也有别于由于不可能给某些事物以明确的定义和评定目标而形成的某特性上的模糊性。

5.2.2 未确知信息与其他不确定性信息的关系

5.2.2.1 未确知信息与随机信息的关系

未确知信息和随机信息是两种不同的信息表示，文中对随机信息和未确知信息这样定义：

设 x 为欲知元，S 为非空集合（Cantor 集），U 为"x 在 S 中"，A 为"x 在 S 中，且 x 是 $e \in S$ 的可能性为 α_e，$0 \leq \alpha_e \leq 1$"，显然由 A 可得知 U，所以 A 是信息。如果 $\Sigma \alpha_e = 1$，则称 A 为随机信息；如果 $\Sigma \alpha_e = \alpha \leq 1$，则称 A 为未确知信息。

随机信息是未确知信息的特例，随机信息是以随机试验为背景的信息，通常是客观地描述未来事物的。总可信度为 1，表明一切试验结果都是已知的。如果试验结果不完全已知，则试验不是随机试验，以此为试验的信息不再是随机信息，而是未确知信息。未确知信息是以盲动试验为背景的，盲动试验与随机试验的差别在于它的一切试验结果不全是已知的，不管客观事物是确定的还是不确定的，是已发生的还是未发生的，只要决策者不能完全把握它的真实状态或数量关系，那么，它在决策者心目中就是"不确定的"，这种主观认识上的不确定性称为"未确知性"。对于真正的未确知信息，总可信度应小于 1，即 $\Sigma \alpha_e = \alpha \leqslant 1$。这是未确知信息与随机信息在数学上本质的区别。

5.2.2.2　未确知信息与模糊信息的关系

对于模糊信息一般这样定义：

设 x 是欲知元，S 是非空集合（Cantor 集），U 为"x 在 S 中"，A 为"x 在 S 中，且 x 是 $e \in S$ 的从属度为 a_c（$0 \leqslant a_c \leqslant 1$）"。因 $A \subset U$，所以，A 是信息，称 A 为模糊信息。

随机信息和未确知信息中欲知元"x 是 $e \in S$ 的可能性为 a_c"，与模糊信息中的欲知元"x 是 $e \in S$ 的从属度为 a_c"在意义上是不同的。模糊信息中的从属度 a_c 是指 e 实实在在有（整体的）a_c 部分属于 x，且不受条件 $\Sigma \alpha_e \leqslant 1$ 的限制，允许大于 1；而 x 是 $e \in S$ 的可能性为 α_e，仅指可能而已，并非指 e 必定有 α_e 部分属于 x。如一次试验，x 出现的可能性为 0.99，但并不说明这次试验 x 必定发生，并且此处 α_e 严格满足条件 $\Sigma \alpha_e \leqslant 1$。

因此，未确知信息在客观世界中表现为两类。一类是已经发生或已经存在的事物，在此显然不存在随机性，并且不管事物多么复杂，都具有确定性。但是对决策者来说，掌握的资料却不一定能全面、完整地反映该确定事物的实际的状态或真实的数量关系，因而产生主观的、认识上的不确定性，即未确知性。决策者在处理这些事物时，显然不能把它看作是确定的，而必须把它看作是不确定性事物进行处理。这一类问题是未确知有理数处理的对象。另一类是未发生的事物，如果所有可能发生的试验结果不完全是已知的，那么它不是概率论研究的对象；即便是随机现象，当统计规律不是很清楚，分布函数难以确定的时候，用概率统计的方法处理也不一定能得到满意的结果，这时候，用未确知性理论来描述事物更为合理。

5.3 未确知数学基础

5.3.1 概述

在我国，未确知数学是王光远教授根据建筑工程理论研究的需要而首先引入的，1990 年其发表的《未确知信息及其数学处理》揭开了我国未确知性研究的第一页。之后，经有关专家和学者的不断研究，逐步形成了"未确知数学"理论。未确知数学理论形成以后，开始逐步走向工程应用，一些学者相继在矿井生产能力预测、可靠性分析、煤矿立井施工、河流纳污能力计算、投产可行性分析、股票短期操作、市场预算、整体优化、水电站发电量计算、地震地面运动、区间分析、煤矿构造复杂地区开拓掘进等方面进行了工程应用，取得了一系列研究成果，解决了一系列实际问题。以上成果的出现一方面在工程中验证了未确知数学的正确性和合理性，另一方面也为不同方向的不确定性问题提出了一种全新的解决方法。以上成果的出现一方面验证了未确知数学的正确性和合理性，另一方面也为不同方向的不确定性问题提出了一种全新的解决方法。对于不确定性结构的分析，已有的文献主要集中在随机结构和模糊结构方面，对于含未确知性参数结构的分析相关成果较少。因此，对含有未确知性参数的不确定性结构，利用未确知数学处理试验数据的不确定性的方法进行分析，具有重要的理论意义和应用前景。

一般用未确知有理数来描述未确知信息。未确知有理数能精细地刻画和表达许许多多客观现实中的"未确知量"，而避免只用一个实数来表示这些量产生的信息遗漏和失真的缺陷。这种方法的最大特点是保留所有已知信息，直接参与定量运算，因而积累误差可减到最小。并且除了原始数据外，没有人为的假设，最大限度地忠实于给定的数据。

5.3.2　未确知有理数的表达

定义1：设 a 为任意实数，$0 \leqslant a \leqslant 1$，称 $[[a,a], \varphi(x)]$ 为一阶未确知有理数，其中

$$\varphi(x) = \begin{cases} \alpha & x = a \\ 0 & x \neq a \text{ 且 } x \in \mathbf{R} \end{cases} \tag{5-1}$$

其直观意义是某量在闭区间 $[a, a]$ 内取值，且是 a 的可信度为 $\varphi(x) = \alpha$。当 $\alpha = 1$ 时，表示某量是 a 的可信度为百分之百。当 $\alpha = 0$ 时，表示某量是 a 的可信度为零。

定义2：对任意闭区间 $[a, b]$，$a = x_1 < x_2 < \cdots < x_n = b$，若函数 $\varphi(x)$ 满足：

$$\varphi(x) = \begin{cases} \alpha_i & x = x_i (i = 1,2,\cdots,n) \\ 0 & \text{其他} \end{cases} \tag{5-2}$$

且 $\sum\limits_{i=1}^{n} \alpha_i = \alpha \leqslant 1$，则称 $[a,b]$ 和 $\varphi(x)$ 构成一个 n 阶未确知有理数，记作 $[[a,b], \varphi(x)]$，称 α、$[a,b]$ 和 $\varphi(x)$ 为该未确知有理数的总可信度、取值区间和可信度分布密度函数。

由分布密度函数 $\varphi(x)$ 可知，其取值区间 $[a, b]$ 中 x_i 的可信度为 α_i。使 $\varphi(x)$ 非零的 x 的取值个数 n 为该未确知有理数的阶数。当 $n = 1$ 时，即为定义1中的一阶未确知有理数。当 $n = 1$ 且 $\alpha = 1$ 时，未确知有理数就变为实数。若进行 m 次试验，得到一个 n 阶未确知有理数（n 为得到的不重复的试验结果个数，$n \leqslant m$）。n 越接近 m，表明该量的不确定程度越高。n 越小，表明该量的不

确定程度越低，即表明试验结果较为集中。若 m 次试验均得到同一结果，此时 $n = 1$，表明试验量是一个确知的实数，可信度为 100%。由于实数简洁、好用，有时把未确知程度较低的量用一个实数近似表示，这时 $\alpha < 1$，这自然是一种粗糙的表示，随着科学技术的发展，对某些不确定性的量，这种粗糙的表示方法可能导致很大的误差累积，如改用未确知数表示，就比较精细，有可信度概念可以合理地描述该量不确定性的特点，这就是未确知有理数产生的背景。

5.3.3 未确知有理数的数学期望

定义 3：设未确知有理数 $A = [[x_i, x_k], \varphi_A(x)]$，其中：

$$\varphi_A(x) = \begin{cases} \alpha_i & x = x_i(i = 1, 2, \cdots, k) \\ 0 & \text{其他} \end{cases} \tag{5-3}$$

式中，$0 < \alpha_i \leq 1$，$i = 1, 2, \cdots, k$，$\alpha = \sum_{i=1}^{n} \alpha_i \leq 1$。

称一阶未确知有理数：

$$E(A) = \left[\left[\frac{1}{\alpha} \sum_{i=1}^{k} x_i\alpha_i, \frac{1}{\alpha} \sum_{i=1}^{k} x_i\alpha_i \right], \varphi(x) \right] \tag{5-4}$$

为未确知有理数 A 的数学期望，也称 $E(A)$ 为未确知期望，简称期望或均值。其中：

$$\varphi(x) = \begin{cases} \alpha & x = \frac{1}{\alpha} \sum_{i=1}^{k} x_i\alpha_i \\ 0 & \text{其他} \end{cases} \tag{5-5}$$

显然，当 $\alpha = 1$ 时，$E(A)$ 为实数 $\sum_{i=1}^{k} x_i\alpha_i$，这时，未确知数 A 就是随机变量。当 $\alpha < 1$ 时，$E(A)$ 为一阶未确知有理数，并非实数。它的实际意义是：实数 $\frac{1}{\alpha} \sum_{i=1}^{k} x_i\alpha_i$ 作为 A 的期望值有 α 的可信度。

5.3.4 未确知有理数的方差

定义 4：若 A 为未确知有理数，$\sum\limits_{i=1}^{k} \alpha_i = \alpha < 1$，令：

$$D(A) = \frac{1}{\alpha} \sum_{i=1}^{k} x_i^2 \alpha_i - \frac{1}{\alpha^2} \left(\sum_{i=1}^{k} x_i \alpha_i \right)^2 \tag{5-6}$$

称 $D(A)$ 为 A 的未确知方差。

5.4 未确知理论在机械钢结构
可靠性分析中的应用

可靠性工程中，结构参数和环境参数分布模型的描述与检验始终是一项重要的研究课题。在通过试验获取可靠性数据时，理论上试验数据越多，结果越接近真实值。但是在工程中，由于试验条件、试验周期及经费等多项因素，试验数据一般都很难达到所要求的数量。特别是民用工程设备，如果所作试验的费用超过了试验设备产品本身的价值，这样的实验是没有必要和意义的。因此，在可靠性研究中，对于小样本的数据处理的方式很多。早期采用图形法来判断随机变量母体的分布规律。图形法的优点是直观、简便，不足之处是缺乏明确的数量标准，因而难以对结论的正确性进行严格的检验。另外，在工程界常采用基于子样分组的 χ^2 检验法。该方法不足之处在于：子样量必须大于某一数目，且子样分组方式的不同有可能导致不同的结论。还有基于 EDF 统计量中的母体分布拟合优度检验方法。这些方法大多对子样的数量依赖比较大，而且依赖于数据属于何种数学分布。本书提出基于未确知理论的可靠性数据处理方法，该方法很好地解决了数据稳定性问题。采用未确知有理数描述和处理可靠性数据，并进行应用和推广，可以较为精细地刻画具有不确定性的量，避免由于奇异数据产生的信息遗漏和对结果值的失真。该方法的特点是保留所有已知信息，直接参与定量运算，因而积累误差可减到最小，并且除了原始数据外，没有人为的假设，最大限度地忠实于给定的数据。虽然计算量较大，但是抗变异数据干扰性好，可以在计算的过程中剔除已经失真或者是不稳定的数据，具有很广泛的应用前景。

5.4.1 基于未确知理论的求数学期望的方法

设未确知有理数 A, $A = \left[\left[\min_{1 \leqslant i \leqslant n} V_i, \ \max_{1 \leqslant i \leqslant n} V_i \right], \varphi(x) \right]$, 其中 $\varphi(x)$ 为变量 V 真值的可信度分布密度函数，并有：

$$\varphi(x) = \begin{cases} \dfrac{\zeta_i}{\sum\limits_{i=1}^{n} \zeta_i} & x = V_i (i = 1, 2, \cdots, n) \\ 0 & \text{其他} \end{cases} \tag{5-7}$$

式中　ζ_i——V_i 领域 $|V - V_i| \leqslant \lambda$ 中包含 $V_j (j \neq i)$ 的个数。

未确知有理数 A 的数学期望可采用式（5-8）计算：

$$E(A) = \sum_{i=1}^{n} V_i \varphi(V_i) \tag{5-8}$$

式（5-8）通过选取领域半径 λ 来控制分析结果。

算例 1：设统计数据分别为：$V_1 = 63.1$, $V_2 = 62.8$, $V_3 = 63$, $V_4 = 63.2$, $V_5 = 108.2$。若取领域半径 $\lambda = 1$, 则计算结果如表 5-1 所示。

表 5-1　算例 1 计算结果

数据序号	1	2	3	4	5
数据值 V	$V_1 = 63.1$	$V_2 = 62.8$	$V_3 = 63$	$V_4 = 63.2$	$V_5 = 108.2$
参数 ζ	$\zeta_1 = 3$	$\zeta_2 = 3$	$\zeta_3 = 3$	$\zeta_4 = 3$	$\zeta_5 = 0$
可信度分布密度函数 φ	$\varphi_1 = 0.25$	$\varphi_2 = 0.25$	$\varphi_3 = 0.25$	$\varphi_4 = 0.25$	$\varphi_5 = 0.25$
数学期望 E	63.025				

　　而直接计算上述五个数据的平均值为 72.06。该值比基于未确知理论数据处理法所得结果要大很多，与一般方法获得的误差为 14%。不难看出，由于第五个数据比较前面四个数据，显得比较偏大，如果平均考虑该值对整个数据数学期望的权重与影响，就会人为地增大数学期望值，使结果有失数据本身的规律。因此，采用基于未确知理论数据处理法处理小样本数据会使结果更为合理。下面将主要讨论本方法中重要参数领域半径 λ 的选取原则及本方法在工程实际结构系统中的应用。

5.4.2　领域半径 λ 的选取原则

　　基于未确知理论数据处理法来处理小样本试验数据的数学特征是非常好的方法，不受经验与人为因素的影响。在处理这些问题时，领域半径 λ 的取值结果是关键。文献[13]直接给出了领域半径 λ 的取值，并没有过多讨论该值的取值范围。以下将深入讨论领域半径 λ 的取值原则。

　　算例 2：假设某桥式起重机在一段时间内起吊货物的重量为：10t、12.5t、16t、20t、25t、32t、40t、50t、63t、75t、80t、125t、160t、220t、225t、320t。实际上，对于确定的一台桥式起重机，由于其适用场合固定，起吊货物重量的范围没有本算例这么大。为了使本方法具有一般性，本算例采用以上数据。

　　本算例数据范围较大，从 10 跳跃到 320。如果直接计算该组数据的数学期望，则结果为 92.09375。如果采用本书方法进行计算，结果如图 5-1 所示。随着领域半径 λ 的取值增大，该组数据的数学期望慢慢增大然后又逐渐减小。领域半径 λ 的最小取值为 2.5。当领域半径 λ 取 2.5 时，数学期望已经为 11.25，接近于本组数据的最小值 10，已经发生了严重的数据失真。如果取值为 2.4 时，计算结果很小，几乎为 0，比最大值小 85.57%。如果领域半径 λ 取值为 9，结果为 43.659091。看似合理，但是此时领域半径值几乎接近于该组数据的最小值 10，由于后面有大值数据，几乎忽视了小值数据 10t、12.5t、16t 对结果的权重，因此结果在领域半径 λ 大于 6 时逐渐变小。本算法最大的特点就是要体现小样本数据处理中每个数据对计算结果的权重不同，而不是忽视若干个数据，因此领域半径 λ 过大也不合适。

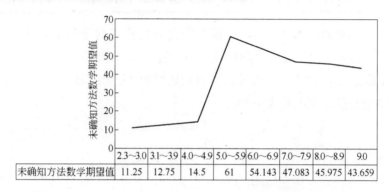

	2.3~3.0	3.1~3.9	4.0~4.9	5.0~5.9	6.0~6.9	7.0~7.9	8.0~8.9	9.0
未确知方法数学期望值	11.25	12.75	14.5	61	54.143	47.083	45.975	43.659

图 5-1　算例 2 的领域半径 λ 取值分析曲线

本算例最能符合本组数据合理的数学期望值为 61，即领域半径 λ 取值为 5~5.9。与一般方法获得的结果误差为 50.9%。

算例 3：图 5-2 所示为假设某桥式起重机在一段时间内起吊货物起重量的数据。本组数据共 99 个，且数据跳跃变化不大。最小

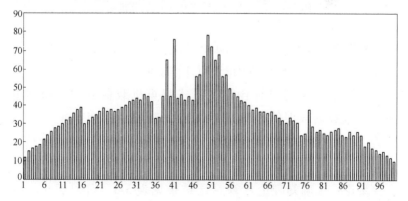

图 5-2　算例 3 桥式起重机起重量数据图

值为 12，最大值为 78，且数据比较接近。表 5-2 是领域半径 λ 不同而数学期望的计算结果。

表 5-2 算例 3 计算结果

λ	0.9	1～1.9	2～2.9	3～3.9	4～4.9	5～5.9	6～6.9	7～7.9
E	34.849558	34.664688	34.277876	34.243137	34.198529	34.146394	34.090007	34.069489

本算例曲线（图 5-3）基本符合通用桥式起重机载荷分布，根据分析，本组数据合理的数学期望值为 34.198529，即领域半径 λ 取值为 4～4.9。一般方法获得的数据为 35.8080808，与一般方法获得的结果误差为 4.7%。

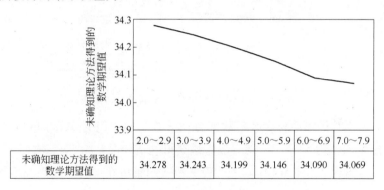

图 5-3 算例 3 的领域半径 λ 取值分析曲线

算例 4：图 5-4 为某桥式起重机在一段时间内起吊货物起重量的数据。图 5-5 为未确知理论分析计算结果。

本算例曲线基本符合铸造桥式起重机载荷分布，根据分析，本组数据合理的数学期望值为 268.15，即领域半径 λ 取值为 14。一般方法获得的数据为 244，与一般方法获得的结果误差为 9%。

结论：未确知理论计算对比结果见表 5-3。可以看出，在数据与样本比较少的情况下，一般方法处理实际数据的能力较

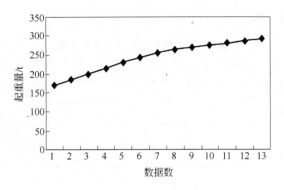

图 5-4 算例 4 桥式起重机起重量数据图

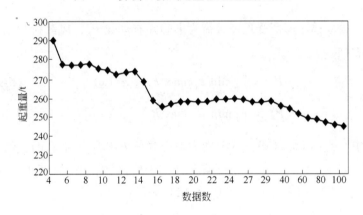

图 5-5 算例 4 的领域半径 λ 取值分析曲线

差。算例 1 中只有 5 个数据，但是发生跳跃的数据只有一个，因此，误差为 14%。算例 2 中数据为 18 个，但是跳跃性数据比较多，因此，误差达到了 50.9%。算例 3 中数据为 99 个，数量偏多，而且跳跃性数据少，因此，误差最小，为 4.7%。算例 4 中数据为 13 个，但是跳跃性数据较少，因此误差比较小，为 9%。通过以上分析可以看出，本方法可以通过小样本量较为精确地拟合出载荷分布的特征值。虽然计算量较大，但是抗变异数据干扰性好，可以在计算的过程中剔除已经失真或者是不稳定的数据。因此未确知理论在处理小样本数据时具有非常大的优势。

表 5-3 未确知理论计算结果对比

项目	一般方法与未确知理论比较误差/%	数据个数
算例 1	14	5
算例 2	50.9	16
算例 3	4.7	99
算例 4	9	13

5.4.3 立体车库钢结构系统载荷的实例分析

设立体车库所受地震载荷为未确知有理数 P_E，风载荷为未确知有理数 P_W，则：

$$P_E = \left[\left[\min_{1 \leq i \leq n} F_i, \max_{1 \leq i \leq n} F_i\right], \varphi_E(x)\right] \quad (5-9)$$

$$P_W = \left[\left[\min_{1 \leq i \leq n} R_i, \max_{1 \leq i \leq n} R_i\right], \varphi_W(x)\right] \quad (5-10)$$

式中 $\varphi_E(x), \varphi_W(x)$ —— 分别为地震载荷 F 和风载荷 P 的真值的可信度分布密度函数，由式 (5-11) 和式 (5-12) 表示：

$$\varphi_E(x) = \begin{cases} \dfrac{\zeta_i}{\displaystyle\sum_{i=1}^{n} \zeta_i} & x = F_i(i = 1, 2, \cdots, n) \\ 0 & \text{其他} \end{cases} \quad (5-11)$$

$$\varphi_W(x) = \begin{cases} \dfrac{\pi_i}{\displaystyle\sum_{i=1}^{n} \pi_i} & x = P_i(i = 1, 2, \cdots, n) \\ 0 & \text{其他} \end{cases} \quad (5-12)$$

式中 ζ_i —— F_i 领域 $|F - F_i| \leq \lambda_E$ 中包含 $F_j(j \neq i)$ 的个数；

π_i —— R_i 领域 $|R - R_i| \leq \lambda_W$ 中包含 $R_j(j \neq i)$ 的个数；

λ_E，λ_W——领域半径。

通过随机抽取 200 个样本点进行期望与方差计算，取领域半径 λ_E、λ_W 为 12 时，四层立体车库钢结构所受地震载荷、风载荷 P_E、P_W 的数学期望由下式计算：

$$E(P_E) = \sum_{i=1}^{n} F_i \varphi_E(V_i) \tag{5-13}$$

$$E(P_W) = \sum_{i=1}^{n} R_i \varphi_W(V_i) \tag{5-14}$$

与一般计算结果的对比如表 5-4 所示。

表 5-4　四层立体车库钢结构系统地震载荷与
风载荷数学期望计算结果对比　　　　　（N）

工　况	地震载荷	风载荷 工况一 X	风载荷 工况二 Y	风载荷 工况三 X	风载荷 工况三 Y	工况三情况下 失效可能度
一般计算结果	2193	17413	17925	12313	12675	3.78E-05
未确知信息 计算结果	2084	17462	17936	12314	12628	3.4176E-05

在工况三情况下，对四层立体车库钢结构系统失效可靠性进行分析，计算结果表明：采用一般计算结果得到的失效概率大，而未确知信息计算结果得到的失效概率小。未确知信息分析时把一些偏离真值较大的样本数据进行剔除，因而使计算结果更加精确，即系统失效的概率小。本方法可以通过小样本量较为精确地拟合出载荷分布的特征值。虽然计算量较大，但是抗变异数据干扰性好，可以在计算的过程中剔除已经失真或者是不稳定的数据，具有很广泛的应用前景。

5.4.4　桥式起重机钢结构系统载荷的数据特征模拟

通过现场试验，运用未确知性理论进行分析处理，获得某企业

175/30t-28.5m 桥式起重机的起升载荷 P_G 的分布曲线如图 5-6 所示。

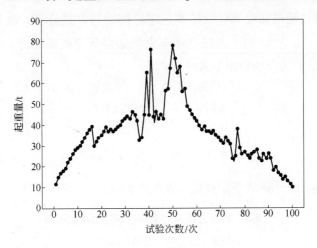

图 5-6 桥式起重机的起升载荷 P_G 的分布曲线图

取领域半径 λ_P 为 6.6 时，桥式起重机钢结构起升载荷 P_G 的数学期望经计算为 32.5t。

5.5 本章小结

基于随机集和模糊集的可靠性模型都需要较多的数据来描述参数的概率分布或隶属函数，而数据又依赖于试验数据，在小样本或贫信息的情况下，由于受客观因素的限制和影响，人们无法获得有关参数的全部信息，此时基于主观分布假设下的可靠性计算结果往往与实际情况有较大差别。特别是载荷的分布及其分布参数特征值，其不确定性对结构的可靠性的影响，有时甚至比由变量本身固有的随机性带来的影响更重要。

本章将机电类特种设备钢结构系统所受载荷的不确定描述为未确知信息，运用未确知有理数进行分析，提出了基于未确知数学理论处理载荷分布规律的一种新方法。该方法通过小样本可以较为精确地拟合实际真值，避免结果信息遗漏和失真，并剔除已经变异的数据或者样本。本方法同样适用于别的用小样本拟合变量分布特征量的场合。文中通过一般计算结果与未确知理论计算结果进行对比，说明未确知理论更能真实地反映变量的分布规律。同时，本章详细地对领域半径的取值原则进行了讨论，对已有算例进行分析，得出领域半径的取值范围。

该方法适用于大型复杂钢结构系统可靠性分析时样本较少的情况，对实际工程计算有理论与应用指导意义。

本方法很好地解决了数据稳定性问题。未确知有理数的应用和推广，可以较为精细地刻画具有不确定性的量，避免只用单一实数点值来表示这种量时产生的信息遗漏和失真。该方法的特点是保留所有已知信息，直接参与定量运算，因而积累误差可减到最小，并且除了原始数据外，没有人为的假设，最大限度地忠实于给定的数据。虽然计算量较大，但是抗变异数据干扰性好，可以在计算的过程中剔除已经失真或者是不稳定的数据，具有很广泛的应用前景。

第 **6** 章

基于可靠性分析的桥式起重机
结构疲劳剩余寿命分析

6.1 疲劳失效概述

6.1.1 疲劳失效是最常见的失效形式

国内外学者对结构系统的剩余寿命预测方法的研究显得不太成熟。这些学者在海洋平台结构累积损伤、冰激疲劳损伤、焊接结构疲劳损伤累积、混凝土结构剩余寿命预测的四种模型等方面都进行了研究。但是没有很好地把结构系统可靠性分析方法与剩余寿命预测方法结合在一起进行研究。本书提出基于能度可靠性的机械结构剩余寿命预测方法，以桥式起重机为研究对象，系统地分析和讨论该结构的可靠性与剩余寿命的关系。

对于高工作级别的桥式起重机结构，疲劳失效是最可能发生的失效模式。因此，对桥式起重机结构的剩余疲劳寿命评估是非常必要的。

疲劳失效是由于疲劳断裂引起的。一个构件或者是一个含有初始裂纹的构件在低于其强度极限或裂纹临界应力 σ_c 的静应力作用下是不会断裂的，但是，若该构件在远低于材料的抗拉强度或临界应力变动载荷的长期作用下，由于在构件中产生累积损伤也会在其中产生裂纹及裂纹发生扩展而导致断裂，这种现象称为疲劳断裂或简称为疲劳。

疲劳断裂是构件最常见的破坏形式。据统计在各种金属构件的断裂事故中有80%以上属于疲劳断裂，所以疲劳是一个重要的研究领域。疲劳断裂具有如下特征：

（1）疲劳断裂是一种循环载荷或变动载荷作用下的低应力断裂，断裂前的应力循环或变动次数与应力大小有关，应力越小，则应力循环的次数越高，构件的使用寿命越长。

（2）疲劳断裂是脆性断裂，其原因在于断裂前承受的应力低于其屈服强度，所以即使材料本身具有很大的延性，宏观上材料也不会发生明显的塑性变形。

（3）疲劳断裂常是一种突发性的断裂，由于裂前无明显的塑性变形出现，构件在使用过程中疲劳裂纹缓慢地扩展到某一临界尺寸时（该临界尺寸与外加载荷有关），断裂才突然发生，所以不容易及时察觉，因此疲劳断裂是一种很危险的断裂。

（4）材料的表面质量对疲劳断裂有重要影响。

断裂主要是由于裂纹扩展引起的。

6.1.2 线弹性断裂力学相关理论

6.1.2.1 裂纹分类

线弹性断裂力学理论是断裂力学理论的一个重要分支，它用弹性力学的线性理论对裂纹体进行力学分析，并采用由此求得的某些特征参量（如应力强度因子、能量释放率）作为判断裂纹扩展的准则。

在断裂力学中，裂纹常按其受力及裂纹扩展途径分为三种类型，即Ⅰ、Ⅱ、Ⅲ型。

Ⅰ型裂纹即为张开型裂纹，如图6-1a所示，拉应力垂直于裂纹扩展面，裂纹上下表面沿作用力的方向张开，裂纹沿裂纹面向前扩展。工程中属于这类裂纹的如板中有一穿透裂纹，其方向与板所受拉应力方向垂直，或一压力容器中的纵向裂纹（见图6-1b）等。

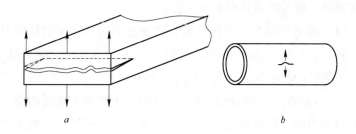

图6-1 张开型（Ⅰ型）裂纹

Ⅱ型裂纹即为滑开型裂纹。其特征为裂纹的扩展受切应力控制，切应力平行作用于裂纹面而且垂直于裂纹线，裂纹沿裂纹面平行滑开扩展（见图6-2a）。属于这类裂纹的如齿轮或长键根部沿切线方向的裂纹引起的开裂；受扭转的薄壁圆管上贯穿管壁的环向裂纹在扭转力作用下引起的开裂（见图6-2b）等，均属于Ⅱ型裂纹。

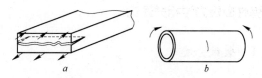

图6-2 滑开型（Ⅱ型）裂纹

Ⅲ型裂纹即为撕开型裂纹。在平行于裂纹面而与裂纹前沿线方向平行的剪应力的作用下，裂纹面产生沿裂纹面的撕开扩展（见图6-3）。

在这三种裂纹中，以Ⅰ型裂纹最为常见，也是最为危险的一

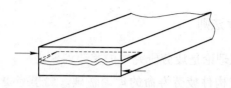

图 6-3 撕开型（Ⅲ型）裂纹

种裂纹，所以在研究裂纹体的断裂问题时，这种裂纹是研究最多的，结合实际研究对象分析可知，一般在对焊接箱形梁的裂纹进行分析时按Ⅰ型处理。

6.1.2.2 应力强度因子

构件的断裂起源于裂纹，而裂纹的静止、平衡或发展，都与裂纹尖端附近的应力场有直接关系。断裂力学原理的应用在很大程度上依赖于应力强度因子。无论是对一个含裂纹构件的安全性作出评价，还是对一种材料的断裂韧性参数进行测定，都必须要知道这个构件（或试样）在特定载荷和特定形状裂纹情况下应力强度因子的计算公式。因此，确定应力强度因子是线弹性断裂力学的重要内容。确定应力强度因子的方法总体来说有三大类：解析法、数值解法和实验法。具体的解法比如有：Westergaard 应力函数法、Kolosov-Muskhelishvili 复变函数法、积分变换法、Green 函数法、连续位错模型法、边界配置法、有限单元法和奇异积分方程直接数值解法等。

在实际应用中，针对最重要的Ⅰ型裂纹问题，对于常见的"无限大"平板二维裂纹，应力强度因子的表达式为：

$$K = Y\sigma \sqrt{\pi a} \tag{6-1}$$

式中　Y——应力强度因子修正系数；

　　　σ——裂纹处应力幅值；

　　　a——裂纹长度。

6.1.3 Miner 法则

损伤累积理论是疲劳研究中的重要课题之一，它是估算变幅载荷下结构或构件疲劳寿命的理论基础。对于等幅（或者常幅）载荷，可以利用材料的 S-N 曲线来估算在不同应力幅下到达破坏所经历的循环次数。但是若作用在结构或构件上循环载荷的应力幅是两个或者更多时，就无法直接用 S-N 曲线来估算寿命。由于结构体实际承受的载荷均为随机载荷，其最大和最小应力值经常变化，情况就更为复杂，可借助疲劳损伤累积理论进行相关分析。

几十年来，疲劳损伤累积理论一直是许多疲劳研究者孜孜不倦进行研究的中心课题之一。到目前为止，先后提出的损伤累积理论已有几十种之多。但是，这些损伤累积理论有的并未给出所用参数的确定方法，只能说是定性的；有的计算过于复杂，难以实用；有的必须进行大量的疲劳实验才能得出所需的计算参数；有的只能在某些规定的条件下才能使用，缺乏通用性。目前进行结构疲劳分析时最常用的损伤累积理论是 Palmgren-Miner 线性损伤累积理论，Miner 认为在疲劳实验中，试件在某一给定的应力或应变水平作用下，损伤可以认为是与应力或应变循环次数呈线性积累的关系，当损伤累积达到某一临界值 Const 时，就发生破坏。本书在进行桥式起重机焊接箱形梁的疲劳寿命估算时，即是以 Miner 线性损伤累积理论为基础，认为焊接箱形梁的损伤符合线性累积。

有关 Miner 线性损伤累积理论详细说明如下。

假设作用于试件的循环应力幅值为 σ_1，循环次数为 n_1，在该应力水平下达到破坏的循环次数为 N_1，循环应力幅值 σ_1 经过 n_1 次循环后所造成的损伤为达到破坏时损伤的 n_1/N_1。令 D 为最终破坏时的总损伤累积值，则在 σ_1 作用下每经过一次应力循环后的损伤为 $1/N_1$；经过 n_1 次循环后的损伤值为 $D_1 = n_1/N_1$。此后，将

应力幅值改为 σ_2，继续试验到 N_2 次循环时破坏，假设在 σ_2 作用下经 n_2 次循环的损伤值为 $D_2 = n_2/N_2$。这样材料在疲劳破坏时的总损伤累积值 D，应该等于上述两级循环应力幅值下的损伤之和：

$$D = D_1 + D_2 = \frac{n_1}{N_1} + \frac{n_2}{N_2} \qquad (6\text{-}2)$$

当总损伤累积值 D 达到 Const = 1 时，则表示结构发生破坏。

以上关系，可以推广到多级应力水平试验，表达式如下：

$$\frac{n_1}{N_1} + \frac{n_2}{N_2} + \frac{n_3}{N_3} + \cdots = D_1 + D_2 + D_3 + \cdots = D \qquad (6\text{-}3)$$

或写成：

$$\sum_{i}^{k} \frac{n_i}{N_i} = D \qquad (6\text{-}4)$$

6.1.4 疲劳裂纹的扩展速率

疲劳裂纹的扩展速率是指在疲劳裂纹的缓慢扩展阶段内每一次应力循环裂纹扩展的距离。该速率用 $\Delta a/\Delta N$ 表示，其中 Δa 为应力循环 ΔN 次时裂纹扩展的长度，在极限条件下用微分 da/dN 表示。根据疲劳裂纹扩展速度 da/dN 与应力强度因子幅值 ΔK 之间的关系，可将疲劳裂纹扩展分为 3 个阶段：裂纹不扩展阶段、裂纹临界扩展阶段以及裂纹快速扩展阶段。

构件的疲劳寿命 N_f 可以认为是疲劳裂纹生核阶段的循环次数 N_o 与裂纹扩展阶段循环次数 N_p 之和，即：

$$N_f = N_o + N_p \qquad (6\text{-}5)$$

实践证明，在总的疲劳寿命中，N_p 所占的比例高达 90% 以上，因此研究这一阶段裂纹的扩展速率与材料本身的性质、各种力学参数之间的关系对于提高构件的使用性能具有重要的指导意义。

大量的结构断裂事故表明，断裂与结构的初始缺陷和裂纹有关。焊接结构件的疲劳裂纹均明显地始发于初始缺陷，这些缺陷可以看作是已经开始了的裂纹，因此绝大部分焊接结构件的全部疲劳寿命是由裂纹扩展阶段决定的。

在第 I 阶段以内，ΔK 值比较低，da/dN 值也比较低，当 ΔK 值低于疲劳裂纹扩展的门槛值 K_{IC} 时，由图 6-4 可见 $da/dN = 0$，这表明当应力场强度因子幅低于 K_{IC} 时，疲劳裂纹基本上不发生扩展。对于不同的材料，若该值较高，则表示该材料阻止疲劳裂纹开始扩展的能力越强，该材料的疲劳性能就越好。所以如同材料的疲劳极限一样，疲劳裂纹扩展门槛值也是材料的疲劳抗力指标，两者均可用于无限寿命的疲劳设计，不同的是疲劳极限用于无裂纹光滑构件，而 K_{IC} 则用于含裂纹构件的疲劳设计。

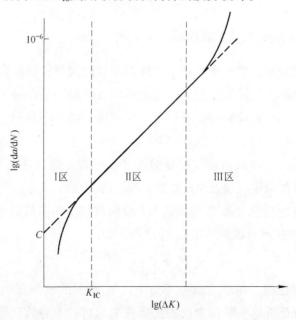

图 6-4　双对数曲线

疲劳裂纹的第 II 阶段是疲劳裂纹扩展的主要阶段，也是决定疲劳裂纹扩展寿命的主要组成部分。这是一个研究最广泛最深入的阶段。对本阶段 da/dN 的关系，通常采用广泛应用的线弹性断裂力学 Paris 公式描述：

$$\frac{da}{dN} = C(\Delta K)^n \tag{6-6}$$

式中　a——裂纹长度；

　　　N——应力循环次数；

　　　$\dfrac{da}{dN}$——裂纹扩展速度；

　　　ΔK——应力强度因子幅；

　　　$C,\ n$——材料常数，可由实验测得。

$$\Delta K = K_{max} - K_{min} = Y\sigma\sqrt{\pi a} \tag{6-7}$$

式中　Y——应力强度因子修正系数；

　　　σ——裂纹处应力幅值。

Paris 公式表明，疲劳裂纹的扩展是由裂纹顶端应力场强度因子幅所控制的。应力场强度因子幅继续增大，则进入疲劳裂纹扩展第 III 阶段，这时裂纹快速扩展并导致材料失稳断裂。与扩展第 I 阶段一样，这一区间仅占疲劳寿命极少部分。

由此可见，疲劳裂纹扩展的第 II 阶段是主要研究与关注的对象。将公式(6-7)代入公式(6-6)，积分后可获得由初始裂纹 a_0 扩展到失效裂纹 a_f 所经历的应力循环次数，即金属构件的疲劳剩余寿命 N_f，即：

$$N_f = \left(a_f^{1-\frac{n}{2}} - a_0^{1-\frac{n}{2}}\right)\Big/\left[\left(1 - \frac{n}{2}\right)C\pi^{\frac{n}{2}}(Y\sigma)^n\right] \tag{6-8}$$

考虑到裂纹处应力幅值 σ 与危险截面下盖板下表面的应力幅值 σ_r 的关系，可得：$\sigma = \dfrac{y_2 - 50}{y_2}\sigma_r$，$y_2$ 为下盖板下表面至水平惯性轴（x 轴）的距离，如图 6-5 所示。将上述值代入到公式（6-8），得到焊接箱形梁第 1 危险点疲劳剩余寿命公式：

$$N_f = \frac{(120^{-\frac{1}{2}} - 0.15^{-\frac{1}{2}})}{\left[(-0.5) \times 2.52 \times 10^{-13} \times \pi^{\frac{3}{2}} \times \left(1.2 \times \frac{y_2 - 50}{y_2} \times \sigma_r\right)^3\right]}$$

$$(6-9)$$

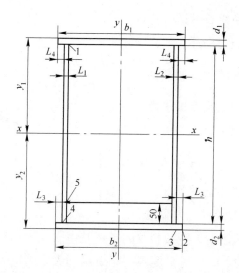

图 6-5 危险点分布图

6.1.5 变幅载荷的均方根等效法

大量的实验研究表明：变幅载荷能够用一等效的等幅载荷来替代，也就是说用一个等效的等幅载荷试验同样的试件将得到与变幅载荷作用下相同的寿命，裂纹扩展情况也基本相同。等效变换的方法比较多，本书采用比较成熟而且得到广泛应用的均方根等效法。均方根等效法的应力幅等效公式为：

$$\sigma_{re} = (\sum \alpha_i \cdot \sigma_{ri}^2)^{\frac{1}{2}} \tag{6-10}$$

式中 σ_{re}——等效应力幅；

　　σ_{ri}——各级应力幅；

　　α_i——各级应力幅的循环次数比值，$\alpha_i = \dfrac{n_i}{N_f}$；

　　n_i——试件失效时各级应力幅的循环次数；

　　N_f——试件寿命。

通过分析均方根等效法的应力幅等效公式结合 Miner 疲劳损伤累积理论，可知应用均方根等效法可以比较准确地将变幅载荷中的各级应力幅换算成一个等效应力幅，使复杂计算简化。

6.2　雨流计数法

根据均方根等效法的应力幅等效公式（6-10），可知变幅载荷作用下的等效应力幅大小取决于：各级应力幅、各级应力幅的循环次数比值、试件失效时各级应力幅的循环次数。如何才能从疲劳载荷谱中提取以上各个因素，这就需要用到计数法。

实测的载荷-时间曲线尚需要一定的方法整理成表格或频率分布曲线的形式。处理方法有两类：一类叫做计数法；一类称为功率谱密度法。其中计数法主要用于统计载荷（如应力幅）的大小和出现频次，用于机器寿命设计和试验，从机件疲劳损伤角度研究载荷对其造成的损伤程度，并对寿命进行估计。

目前，计数法中比较常用的有：

（1）峰值计数法：统计载荷波形中各等级的波峰和波谷的数目，偏于保守；

（2）变程计数法：统计载荷的振幅，即波峰波谷间的距离，忽略静态分量；

（3）雨流计数法：统计应力循环（或半循环）的大小和频次，较为符合材料应力应变循环的特性，最适合进行寿命估计。

　　雨流计数法是 1968 年由 Masuish 和 Endo 提出的。雨流计数法也叫塔顶法，在计数法中属于全波法的一种，提出这个方法的目的，主要是考虑到技术方法与材料的应力-应变行为相一致。雨流法认为塑性的存在是疲劳损伤的必要条件，并且塑性的特征表现为应力-应变的迟滞回线。在通常情况下，虽然应力处于弹性范围内，但从局部微观的角度来看，塑性变形依然存在，此种方法就是建立在对封闭的应力-应变迟滞回线进行逐个计数的基础上，可以认为这种计数法基本能够反映随机载荷的全过程。用这种方法时如果将时间轴向下，载荷谱垂直放置，可以把它视为一系列宝塔形堆叠的屋顶，就像雨水从每个屋顶流下滴在下面的屋顶上，如图 6-6 和图 6-7 所示。

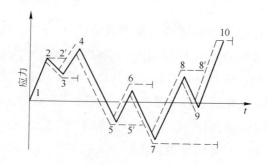

图 6-6　应力-时间历程

　　雨流法在计数过程中遵循以下几个规则：

　　（1）雨流在实验记录的起点和依次在每一个峰值的内边开始，亦即从 1、2、3 等尖点开始。

　　（2）雨流在流到屋檐处（即峰值处）竖直下滴，一直流到对面有一个比开始时最大值（或最小值）更正的最大值（或更负的最小值）为止。

　　（3）当雨流遇到来自上面屋顶流下来的雨时，就停止流动。

　　（4）如果初始应力为拉应力，顺序的始点就是拉应力最小值的点。

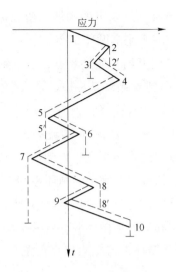

图 6-7 雨流计数法

（5）每一雨流的水平长度是作为该应力幅值的半循环计数。

有关雨流计数法的过程如下：

在图 6-6 中，雨流计数从 1 点开始，该点被认为是最小值。雨流流至 2 点，竖直下滴到 3 点与 4 点幅值间的 2′点，然后流到 4 点，最后停于比 1 点更负的峰值 5 点的对应处，得到一个从 1 点到 4 点的半循环。下一个雨流从峰值 2 点开始，流经 3 点，停于 4 点对面，因为 4 点是比开始的 2 点具有更正的最大值，得出一个半循环 2-3。第三个雨流从 3 点开始，因为遇到 2 点滴下的雨流，所以终止于 2′点，得出半循环 3-2′。这样，3-2′和 2-3 就形成了一个闭合的应力-应变回路环，它们配成一个完全的循环 2′-3-2。

第四个雨流从峰值 4 点开始，流经 5 点，竖直下滴到 6 点和 7 点之间的 5′点，继续往下流，再从 7 点竖直下滴到峰值 10 点的对面，因为 10 点比 4 点有更正的最大值，得到半循环 4-5-7。第五个雨流从 5 点开始，流到 6 点，竖直下滴，终止于 7 点对面，因为 7 点比 5 点具有更负的最小值，得到半循环 5-6。第六个雨流从

6 点开始，因为遇到由 5 点滴下的雨滴，所以流到 5′ 点终止。半循环 6-5′ 与 5-6 配成一个完全循环 5′-6-5。

第七个雨流从 7 点开始，经过 8 点，下落到 9-10 间 8′ 点，然后到最后的峰值，得到半循环 7-8-10。第八个雨流从 8 点开始，流至 9 点下滴到 10 点的对面终止，因为 10 点比 8 点具有更正的最大值，得到半循环 8-9。最后一个雨流从 9 点开始，因为遇到由 8 点下滴的雨流，所以终止于 8′ 点，得到半循环 9-8′。把两个半循环 8-9 和 9-8′ 配对，组成一个完全的循环 8-9-8′。

这样，图 6-6 所示的应力-时间历程记录包括三个完全循环 2-3-2′、5-6-5′、8-9-8′ 和三个半循环 1-2-4、4-5-6、7-8-10。从图 6-7 中看出，有三个完全循环，与此对应，在图 6-8 中有三个阴影线组成的闭合回路。

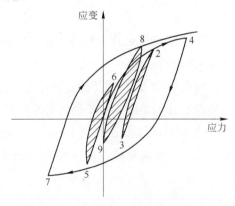

图 6-8   迟滞回线

雨流计数法的特点是反复载荷-时间历程与材料在反复载荷下的应力应变响应有对应关系。雨流法的要点是载荷-时间历程的每一部分都参与计数，而且只计数一次，一个大的幅值所引起的损伤不受截断它的小循环的影响，截出的小循环迭加到较大的循环和半循环上去。也就是说雨流法可以不遗漏不重复地对整个载荷-

时间历程进行计数。雨流计数法还与裂纹扩展规律相吻合，这样，采用雨流计数法对载荷-时间历程进行循环计数，为获得准确的疲劳剩余寿命创造了良好的条件。

利用雨流计数法统计出模拟疲劳载荷谱中各级应力幅大小、各级应力幅循环次数 n_i 和总循环次数 N_f，代入应力幅等效公式（6-10），即可求出该疲劳载荷谱的等效应力幅，将等效应力幅代入疲劳剩余寿命公式（6-9）即可求得构件疲劳剩余寿命。

通过对焊接箱形梁的危险部位进行一段时间的动态连续应力（或应变）实测，将实测得到的应力（应变）-时间历程通过计算机接口转换成相应数字文件，采集获得计数的样本，获得起重机主梁危险截面的疲劳载荷谱。

针对不同起重机的具体实际工作状况的随机性和不确定性，可根据典型的起重量，结合合理范围值内的经过合理排序的随机数，代入其工作次数函数中即可获得相应的工作次数。以起重机开始起吊重物到放下重物作为一次典型的工作循环，通过起重载荷和危险截面的惯性矩 I_x 可计算出起重机工作中任意时刻危险截面下翼缘下表面的应力值 σ。考虑到下一步雨流程序的计数特点，取每次工作循环中危险截面下翼缘下表面处的最大应力值和最小应力值作为一对计数点。起重机在一定时间内工作多少次就会相应产生多少对大小各异的计数点，这样即可最真实地模拟出不同起重机跨中危险截面相应的疲劳载荷谱。

6.3 起重机疲劳剩余寿命估算软件开发及工程应用

6.3.1 软件流程图及主要界面

软件流程示意图如图 6-9 所示。

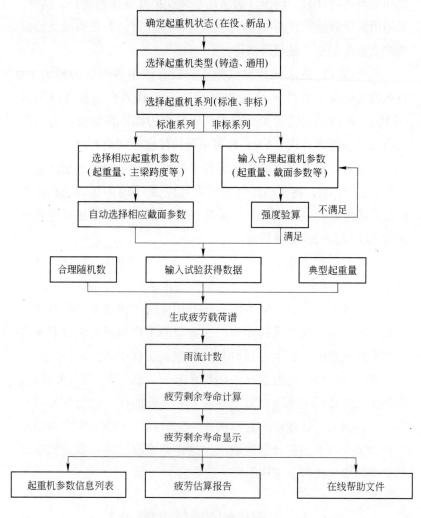

图 6-9   软件流程示意图

为了测试软件的准确性和可靠性，现以某厂的一台工作级别为 A6、额定起重量为 100t 的新品标准铸造桥式起重机为例，应用此软件估算其疲劳寿命。起重机具体参数如表 6-1、表 6-2 所示。

表 6-1 100t-19.5m 起重机主要工作参数

额定起重量 /t	跨度 /m	工作级别	轮距 /m	起升高度 /m	起升速度 /m·min⁻¹	大/小车速度 /m·min⁻¹
100	19.5	A6	3.3	20	5.02	36.1/17.8

表 6-2 100t-19.5m 起重机主梁相应截面参数

上盖板厚×长 /mm×mm	下盖板厚×长 /mm×mm	主腹板厚×高 /mm×mm	副腹板厚×高 /mm×mm	轨道型号
16×1000	16×850	10×1480	8×1480	QU80

在软件界面中正确输入起重机相应参数和工况,经过软件一系列的计算校核即可求得该起重机疲劳剩余寿命 N_f 为 29 年 11 个月 24 天,与该起重机在相应工况下的设计寿命 30 年比较,相对误差很小,可见软件估算结果较为准确。软件主要界面如图 6-10 ~ 图 6-15 所示。

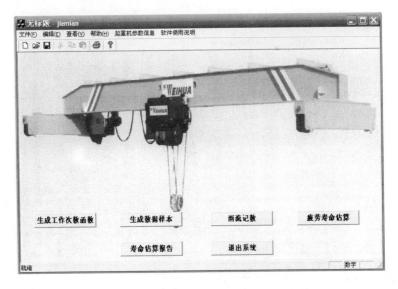

图 6-10 软件主界面

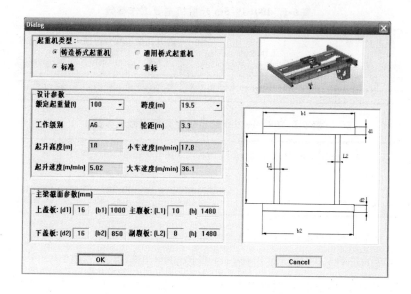

图 6-11 参数输入界面（标准、铸造）

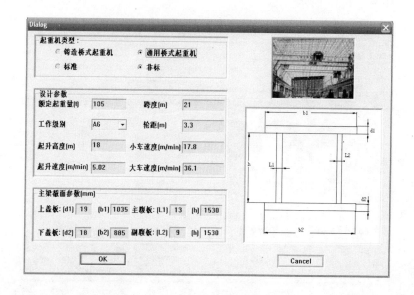

图 6-12 参数输入界面（非标、通用）

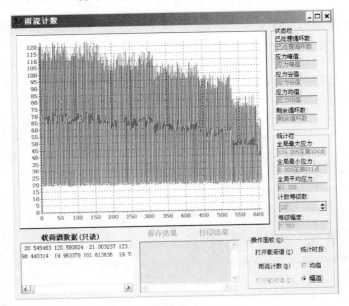

图 6-13 利用雨流计数程序读取数据

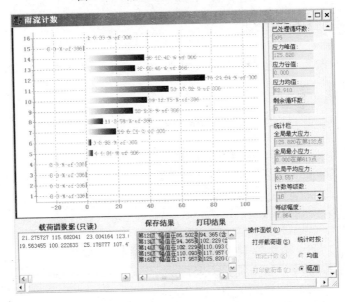

图 6-14 雨流计数结果

图 6-15　疲劳剩余寿命显示

6.3.2　工程应用实例

6.3.2.1　起重机动态失效路径的搜寻方法及失效路径概率的计算

某企业 120t-22.5m 桥式起重机的具体参数如表 6-3、表 6-4 所示。

表 6-3　120t-22.5m 起重机主要工作参数

额定起重量 /t	跨度 /m	工作级别	轮距 /m	起升高度 /m	起升速度 /m · min⁻¹	大/小车速度 /m · min⁻¹
120	22.5	A6	3.3	20	5.02	36.1/17.8

表 6-4　120t-22.5m 起重机主梁相应截面参数

上盖板厚×长 /mm × mm	下盖板厚×长 /mm × mm	主腹板厚×高 /mm × mm	副腹板厚×高 /mm × mm	轨道型号
18 ×1100	18 ×950	10 ×1660	8 ×1660	QU80

结构能度可靠性参数的确定：截集水平 α 取 0.75，约界参数 CAP 取 0.8，失效路径长度取 4。

按照以上桥式起重机参数，应用 Visual C++ 进行计算机仿真计算。首先对桥式起重机钢结构主梁进行有限元建模，建模方式以跨度为主要参数进行单元划分，每隔 1m 为一个单元。其主梁单元划分图，即有限元建造模型如图 6-16 所示。

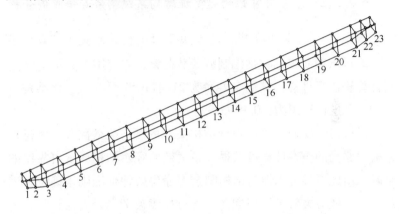

图 6-16　120t-22.5m 桥式起重机主梁单元划分图

结构可靠性计算结果如表 6-5 所示。

表 6-5　120t-22.5m 桥式起重机可靠性计算结果

序　号	失效路径	失效模式（原因）	比　重
1	12-11-13-20	疲劳失效	65.4
2	12-13-11-14	刚度失效	12.7
3	11-12-14-8	稳定性失效	21.9

失效可能度：0.0804001

表 6-5 中：12 单元为跨中截面，11、13 单元分别距跨中 1m，14 单元距跨中 2m，8 单元距跨中 4m。经分析计算，该桥式起重机钢结构的主梁失效路径以三种方式进行演化。跨中 12 单元是承

受载荷的关键位置，三条失效路径都把该单元作为失效单元，离跨中较近的单元为次严重失效位置，因此应重点对这些位置进行加固或者安全监测。通过计算还可以得出该起重机钢结构可靠度为 0. 9195999；65. 4% 的失效比重说明了最可能失效的形式是疲劳失效。因此，需进行疲劳剩余寿命计算。

6.3.2.2 基于可靠性的起重机结构系统剩余寿命算例分析

根据表 6-3、表 6-4 提供的 120t-22. 5m 桥式起重机的具体参数，通过试验获得的数据编制疲劳载荷谱，并应用 Visual C ++ 进行计算机仿真计算，其剩余寿命为 21 年 10 个月 8 天。该结构系统的可能度已算出为：0. 9195999。

通过可靠度分析可以得到结构失效的动态失效路径，经过每条失效路径的概率计算可求得各条失效路径对结构系统可靠度的贡献，由此通过可靠性与结构剩余寿命失效评估准则来确定贡献最大的是疲劳失效模式引起的。通过模糊疲劳剩余寿命计算，求出结构系统的剩余寿命。

本算例中的起重机是某企业已经安全运行 6 年的桥式起重机，主要用于产品的装配。该起重机结构系统可靠度与剩余寿命均一致表明该结构处于使用初期，具有很好的承载能力，是比较安全的。

以表 6-3、表 6-4 提供的 120t-22. 5m 桥式起重机提供的参数为基本参数，只改变起重量或者是跨度，与原算例对比分析结果如表 6-6 所示。

表 6-6 不同参数起重机对比分析结果

起重机	失效路径	失效模式	比重/%	结构系统可能度	剩余寿命
	12-11-13-20	疲劳失效	65. 4		
120t-22. 5m	12-13-11-14	刚度失效	12. 7	0. 9195999	21 年 10 个月 8 天
	11-12-14-8	稳定性失效	21. 9		

起重机	失效路径	失效模式	比重/%	结构系统可能度	剩余寿命
100t-22.5m	12-11-14-18	疲劳失效	53.2	0.970278	22 年 8 个月 18 天
	12-11-7	刚度失效	19.2		
	13-12-8-9	稳定性失效	27.6		
120t-19.5m	10-9-11	疲劳失效	69.8	0.927365	22 年 8 个月 6 天
	10-11-9	刚度失效	10.5		
	10-6-11	稳定性失效	19.7		

结论：

（1）当起重机起重量由 120t 变为 100t，而其他参数不变时，从理论上分析，由于结构相应受载增大，而其他参数不变，结构系统可靠性及剩余寿命会随之增大。表 6-6 中所示结果可以验证这一点，即钢结构系统的主要失效模式仍然是疲劳失效，但是疲劳失效比重由 65.4% 下降为 53.2%。相应的结构系统可能度增加为 0.970278，剩余寿命增加到 22 年 8 个月 18 天。

（2）当起重机跨度由 22.5m 变为 19.5m 时，理论上结构系统稳定性因素增强。通过表 6-6 中数据比较也可验证这一点，即稳定性失效比重由 21.9% 变为 19.7%。而疲劳失效比重增加，因此，结构系统可能度略有增加，剩余寿命增加到 22 年 8 个月 6 天。

（3）本方法可以对结构系统的安全评估从可靠性与剩余寿命两个定量指标来评估，改变过去只进行系统的可靠性研究或者仅仅是剩余寿命评估，为结构系统可靠性与剩余寿命的综合研究提供了一条新思路，对工程实践有指导作用。

（4）通过表 6-6 进一步说明，交变载荷作用在钢结构系统上时，疲劳破坏是常见的破坏形式。可以对比较关键的几个受力点11、12、13、14 进行定时监测，以防止出现事故。

（5）本书提出了基于可靠度理论的现役起重机结构可靠度及寿命预测算法，为我国起重机结构的安全评估技术标准做了理论上的研究和工程应用的探讨。

参 考 文 献

［1］ Ben-Haim Y. A non-probabilistic concept of reliability［J］. Structural Safety, 1994, 14 (4): 227～245.

［2］ 郭书祥. 模糊结构和机械系统的能度可靠性分析方法［J］. 机械强度, 2003, 25 (4): 430～432.

［3］ Freudenthal A M. The safety of structures, Transaction［J］. ASCE, 1947: 112.

［4］ 董聪. 现代结构系统可靠性理论［D］. 西安: 西北工业大学, 1993.

［5］ Feng Y S. Enumerating significant failure modes of a structural system by using criterion methods［J］. Computer & Structures, 1988, 30(5): 1153～1157.

［6］ 冯元生, 董聪. 枚举结构主要失效模式的一种方法［J］. 航空学报, 1991, 12(9): 537～541.

［7］ 董聪, 冯元生. 枚举结构主要失效模式的一种新方法［J］. 西北工业大学学报, 1991, 9(3): 284～289.

［8］ 王磊. 既有钢筋混凝土桥梁模糊时变可靠性与承载力评估研究［D］. 长沙: 长沙理工大学, 2005.

［9］ Xu Gening, Yang Ruigang. Methodology to estimate remaining service life of steel structure by possibilistic reliability theory［J］. Chinese Journal of Mechanical Engineering, 2010(6): 780～787.

［10］ Yang Ruigang, Xu Gening. Possibilistic reliability ananlysis for complex structure system based on neural network［C］. The 2nd International Conference on Information Science and Engineering, 2010: 1382～1385.

［11］ 杨瑞刚, 徐格宁, 树学峰. 基于未确知测度理论的桥式起重机安全评估［J］. 安全与环境学报, 2011(2): 224～227.

［12］ 杨瑞刚, 徐格宁, 范小宁. 桥式起重机结构可靠性失效准则与剩余寿命评估准则［J］. 中国安全科学学报, 2009(10): 95～100.

［13］ 刘开第. 不确定性信息数学处理及应用［M］. 北京: 科学出版社, 1999.

［14］ 郭奇. 未确知测度模型及在环境质量评价中的应用［J］. 上海环境科学, 2002 (1): 53～55.

［15］ 郭奇. 未确知测度模型在湖泊水环境中的应用［J］. 环境保护, 2001 (4): 27～28.

［16］ 雷秀仁. 处理配电系统可靠性评估不确定性的未确知数学方法［J］. 电力系统自

动化，2005（17）：28～33.

[17] 张永强．基于未确知理论的软件可靠性建模［J］．软件学报，2006（8）：
1681～1687.

[18] 万臻．斜拉桥结构可靠性评估及剩余寿命预测［D］．成都：西南交通大学，2006.

[19] 赵福星，史海秋，耿中行．一种适用于应力疲劳和应变疲劳的通用寿命模型［J］.
航空动力学报，2003，18（1）：140～145.

[20] 黄洪钟．机械结构广义强度的模糊可靠性计算理论［J］．机械工程学报，2001，
37（6）：106～108.

[21] 杨瑞刚．机械可靠性设计与应用［M］．北京：冶金工业出版社，2008.

[22] 杨瑞刚，徐格宁，吕明．基于未确知信息的复杂结构能度可靠性分析［J］．中国
机械工程，2008（11）：2577～2581.

[23] 杨瑞刚，徐格宁．大型钢结构系统失效模式和失效准则的影响因素分析［J］．起
重运输机械，2008（3）：65～68.

[24] 杨瑞刚，徐格宁．影响大型复杂机械钢结构系统可靠性的因素分析［J］．中国安
全科学学报，2007（11）：16～20.

[25] 徐格宁，杨瑞刚．Hyperstatic structure mapping model building and optimizing design
［J］．Chinese Journal of Mechanical Engineering，2007（1）：55～59.（EI 收录）

[26] 徐格宁，杨瑞刚．约界参数 CAP 对大型钢结构系统可靠性分析的影响［J］．机械
工程学报，2005（12）：130～134.（EI 收录）

[27] 杨瑞刚，吕明，徐格宁．基于未确知理论的机械结构能度可靠性方法［J］．四川
大学学报（工程科学版），2008（6）：170～175.（EI 收录）

[28] 杨瑞刚，徐格宁．基于神经网络方法模拟的立体车库钢结构系统失效概率分析
［J］．建筑机械，2008（4）：71～75.

[29] 杨瑞刚．钢结构系统可靠性分析及应用［J］．新技术新工艺，2008（2）：22～24.

[30] 杨瑞刚，徐格宁．失效路径长度对结构系统安全可靠性的影响［J］．安全与环境
学报，2009（2）：115～120.

[31] 吕震宙，冯蕴雯，岳珠峰．改进的区间截断法及基于区间分析的非概率可靠性分
析方法［J］．计算力学学报，2002（3）.

[32] 徐格宁．起重运输机金属结构设计［M］．北京：机械工业出版社，1997.

[33] 王光远．论不确定性结构力学的进展［J］．力学进展，2002，32（2）：205～211.

[34] 王光远．未确知信息及其数学处理［J］．哈尔滨建筑大学学报，1990，23（4）：
1～9.

［35］ Thoft-Christensen P，Baker M J. Structural reliability theory and its applications［M］. Springer-Verlag，1982.

［36］ 王光远，陈树勋. 工程结构系统软件设计理论及应用［M］. 北京：国防工业出版社，1996.

［37］ 蒋维城. 固体力学有限元分析［M］. 北京：北京理工大学出版社，1989.

［38］ 安伟光. 结构系统可靠性和基于可靠性的优化设计［M］. 北京：国防工业出版社，1997.

［39］ 董聪. 现代结构系统可靠性理论及其应用［M］. 北京：科学出版社，2001.

［40］ 赵广立，杨瑞刚，徐格宁，张朝猛. 基于 Pro/E 三维建模的桥式起重机桥架有限元分析［J］. 起重运输机械，2011(1).

［41］ 赵广立，杨瑞刚，徐格宁，范小宁. 基于未确知理论的小样本数据分析在机械可靠性中的应用［J］. 中国工程机械学报，2010(4).

［42］ Yang Ruigang，Xu Gening. Summing up the system reliability design method of mechanical structure system and discussing the application of engineering［C］. The 2nd International Conference on Mechanic Automation and Control Engineering，2011.

冶金工业出版社部分图书推荐

书　　名	定价（元）
光电直读光谱仪技术	69.00
液力偶合器选型匹配 500 问	49.00
液压可靠性与故障诊断（第 2 版）	49.00
热工仪表及其维护	26.00
液力偶合器使用与维护 500 问	49.00
机械可靠性设计与应用	20.00
液压传动与控制（第 2 版）	36.00
机械安装实用技术手册	159.00
工程车辆全动力制动系统	30.00
冶金液压设备与维护	35.00
机械设备安装工程实用手册	178.00
可编程序控制器原理及应用系统设计技术（第 2 版）	26.00
单斗液压挖掘机构造与设计	58.00
机械设计	40.00
机械设计基础课程设计	30.00
机械设计基础	42.00
机械工程实验综合教程	32.00
机械原理	29.00
机电一体化技术基础与产品设计（第 2 版）	46.00
机械制造工艺及专用夹具设计指导（第 2 版）	20.00
画法几何及机械制图习题集（第 2 版）	18.00
液压传动与气压传动	39.00
微电子机械加工系统（MEMS）技术基础	26.00
液压与气压传动实验教程	25.00
近代交流调速（第 2 版）	25.00
机械优化设计方法（第 3 版）	29.00
机械工程实验教程	30.00
机械工程测试与数据处理	20.00
机械制造工艺基础——职业技术学院教学用书	49.00
冶金机械安装与维护	24.00